NF文庫
ノンフィクション

フランス戦艦入門

先進設計と異色の戦歴のすべて

宮永忠将

潮書房光人新社

序　フランス戦艦の栄光と挫折

イギリスの戦艦「ドレッドノート」の登場を契機に過熱した二〇世紀初頭の戦艦建造競争は、第一次世界大戦を挟んでも止むことはなかった。むしろ戦争の結果激変した国際関係の中で、海軍規模では第二位にいたドイツ海軍が消滅し、急成長を始めた日米と比較して、絶対的強者のイギリスの地位が相対的に低下したことで、一層、建艦競争が加速したのである。

しかし艦隊の増勢には莫大な予算を要する。財政難にあえいだ海軍列強は、一九二二年にワシントン海軍軍縮条約を締結して建艦競争に歯止めをかけた。これにより際限のない戦艦競争は鎮静化して、海軍休日が到来したのであった。

だが、海軍休日も終わりはやってくる。一九三六年に日本が軍縮条約の枠組みから脱退したのを契機に軍縮条約は効果を失い、間もなく第二次世界大戦が勃発する。したがって海軍休日の期間は約一五年となる。もっとも、この間にまったく戦艦が建造されなかった訳ではない。各国とも定められた保有制限内での新艦建造が認められていたからだ。ただし主砲口径や基準排水量には厳密な制限がかけられていた。したがって軍縮条約の制限内で建造された戦艦を条約型戦艦と呼ぶが、イギリス海軍は画期的な集中防御方式を採用したネルソン級戦艦の建造成功により、海軍大国の健在をアピールしている。

だが、実はこの海軍休日においてもっともラディカルで、かつ各国の戦艦建造思想に強い影響を及ぼしたのはフランス海軍であった。一九三一年に起工されたダンケルク級、そして一九三五年起工のリシュリュー級がそれにあたる。口径こそ異なるものの、四連装主砲塔を搭載して集中防御方式を採用し、三〇ノット超の速度性能を確保した、この二タイプのフランス戦艦は、戦間期における戦艦建造技術の重要なマイルストーンであり、後の大型戦闘艦の建造に与えた影響も大きい。

しかし、これほど重要な戦艦でありながら、戦歴はぱっとしない。「ダンケルク」と姉妹艦「ストラスブール」は、一九四二年一一月にドイツの接収を避けるためにトゥーロン港で自沈した。「リシュリュー」はヴィシー政権下で連合軍と交戦しつつ、一九四二年一一月には北アフリカで連合軍に降り、以後、英海軍の指揮下に入って枢軸軍と戦った。リシュリューの姉妹艦「ジャン・バール」は世界で最後に就役した戦艦という称号を持つものの、実戦での活躍はない。

フランスはドイツ軍の電撃戦の前に敗れ、第二次大戦の初期に脱落しているので、戦車や戦闘機同様、戦艦も戦歴という彩りを欠くのである。こうした背景から、我が国においてもフランス戦艦は注目されることも少なく、知名度も低い。しかし海軍休日における数少ない新造戦艦として、日本海軍にとっても重要なベンチマークであったことは疑いない。そんなフランス海軍とその戦艦建造史を連載形式で追いながら、再評価を試みるものである。

本書は雑誌『丸』誌上にて二〇一九年六月号から二〇二三年六月号まで「フランス戦艦物語」の名で連載された記事を単行本化したものである。全二六回（番外編一回）の連載であったが、掲載後に得られた知見を盛り込みつつ、新たに全体を見直したものとなっている。

フランス戦艦入門　目次

序　フランス戦艦の栄光と挫折

第一章　ド級戦艦の建造と第一次世界大戦

第二章　条約型戦艦の開発と建造

フランス戦艦入門

先進設計と異色の戦歴のすべて

第一章　ド級戦艦の建造と第一次世界大戦

列強に出遅れたフランスのド級戦艦開発

「ドレッドノート」登場の衝撃

一九世紀を通じて、フランスは大英帝国と並び、大艦隊を保有していた海軍国の顔を持っていた。しかし一九世紀後半の鉄船時代に技術革新に出遅れると、日露戦争の前後にドイツに抜かれ、ヨーロッパ第三位の座に転落してしまう。

焦りを感じたフランス海軍は、艦隊近代化のために一九〇六年計画において一挙六隻の最新戦艦を建造してのキャッチアップを試みた。これがダントン級戦艦である。ダントン級は全長一四七メートル、常備排水量一万八五〇〇トンの船体の前後に四

ダントン級戦艦「ディドロ」

五口径三〇五ミリ連装砲塔を一基ずつ配置、さらに両舷には中間砲となる二四〇ミリ連装砲塔を各三基、合計六基配置した火力重視の戦艦である。主機には仏海軍で初めて蒸気タービンを採用し、一九ノットが発揮できた優秀艦でもあった。能力的には日本の鞍馬型巡洋戦艦（建造時は一等巡洋艦）に該当する。フランス海軍ではこのダントン級を一九〇七年と翌年に三隻ずつ起工し、完成目標を一九一一年度に置いていた。

しかし問題は、一九〇五年にイギリス海軍が「ドレッドノート」の建造を開始していたことにある。艦の首尾線上を中心に一二インチ連装砲を五基並べ、中間砲を廃止した近代的設計の「ドレッドノート」は一九〇六年暮れに竣工する。走攻守のすべてで既存の戦艦を凌いだこの戦艦の登場により、ドレッドノート級、すなわち「ド級」と

新造時の戦艦「ドレッドノート」

いう戦艦の能力指標が確立し、ド級以前の設計の戦艦は戦略単位での存在意義が大きく損なわれることとなった。
　さらにド級戦艦の攻撃力を踏襲しつつ、防御を抑えて高速性能に振ったインヴィンシブル級巡洋戦艦も一九〇八年春に就役している。
　戦艦の勢力図はこの二隻の登場を以て激変する。既存の戦艦はすべて前ド級戦艦というカテゴリーに分類され、同時期に建造中の他国の最新戦艦でさえ、ド級に準じる程度の価値という意味から準ド級戦艦と呼ばれ、一段低い存在となってしまったのである。
　フランス海軍はこの変化の波をもろにかぶる被害者となった。ダントン級

戦艦「ダントン」〔鉛筆画：菅野泰紀〕

は技術的には準ド級戦艦に位置づけられてしまっただけでなく、ダントン級が揃う一九一一年までに、英海軍はド級一〇隻、同巡洋戦艦五隻を完成させ、さらに一三・五インチ（三四三ミリ）級の主砲を搭載する超ド級戦艦五隻、同巡洋戦艦三隻をそれぞれ起工するのである。

当時、ド級戦艦と準ド級戦艦の戦力差は最大二・五倍と推定されていた。これを当てはめるなら、ダントン級六隻を揃えた一九一一年の仏海軍と比較して、英海軍は六倍以上の勢力を持つことになる。これに既存の両国の前ド級戦艦を加えれば、さらに差は開く。

フランス以外の海軍国でも、ド級戦艦の登場により、主力艦の建造が活発になっていた。ドイツでは一九一一年までには八隻のド級戦艦と、同国初の巡洋戦艦「フォン・デア・タン」が完成し、これとは別の巡洋戦艦三隻を含む八隻の建造でイギリスを追っていた。新興国のアメリカでも一九一一年までにはド級戦艦六隻が完成、四隻の建造計画が具体化していた。

日本海軍もこれを追う。日露戦争の戦利艦の改装に邁進する一方で、薩摩型、河内型の両戦艦と、筑波型、鞍馬型巡洋戦艦の建造に血道を上げていた日本もまた、ド級戦艦時代への突入で努力が台無しにされた点ではフランス同様、犠牲者である。しかし地理的には欧州から離れていて、当面、国防を脅かす存在が近海にないぶん、フランスよりは状況はかなりましである。

仏海軍のド級戦艦建造計画

フランス海軍ではすぐさまド級戦艦へのキャッチアップに着手し、最初のド級戦艦が計画された。これがクールベ級である。

クールベ級は排水量が約二万三〇〇〇トン、三〇五ミリ連装砲塔を六基搭載、うち四基を首尾線上に艦の前後二基ずつ並べ、両舷に一基ずつ舷側砲を置く砲塔レイアウトとなっていた。「ドレッドノート」に比べると艦尾主砲塔で一基上回り、速力も二一ノットと拮抗した設計になっていた。クールベ級の建造は一九一〇年にまず二隻、翌年にさらに二隻、合計四隻が建造される運びとなった。

だが、フランス海軍としてはクールベ級でようやく「ドレッドノート」に追いついただけという認識であった。そこに超ド級艦の出現も掴んでいたため、船体はクールベ級を流用しつつ、主砲を四五口径三四〇ミリ砲に強化し、この連装砲塔を首尾線上に五基配置したブルターニュ級戦艦の建造計画をつなげたのであった。

ところが、一見旺盛に見えるこのときの仏海軍の建造計画もまったく迫力不足であった。一九一〇年度の海軍予算はイギリスの四割弱、ドイツと比較しても七割五分に過ぎなかったからだ。

一九〇九年に海軍大臣に就任したド・ラペレイル大将は、フランスの後れを解消すべく、建艦計画の抜本的な立て直しに着手した。彼は強力なリーダーシップを発揮してクールベ級建造中の一九一二年三月三〇日に海軍法を成立させて、将来的な艦隊建造プランを策定した、それは戦艦二八隻、装甲巡洋艦に相当する偵察巡洋艦一〇隻、水雷艇五二隻を軸とする大艦隊を一九二〇年までに建設するというものであった。

もっとも、戦艦二八隻には前ド級艦のレピュブリク級二隻、リベルテ級三隻に、ダントン級六隻を含むので、ド級戦艦以降の実数は一七隻となる。また一九一一年に戦艦「リベルテ」が爆発事故で沈没したため、クールベ級、ブルターニュ級以外に一一隻の戦艦が必要となる。こうした事情を背景に、海軍法に基づいて表のような建造計画が立てられた。

1912 年海軍法に基づく仏海軍戦艦建造計画

起工年度	型	起工数	改正
1912 年	ブルターニュ級	3 隻	
1913 年	ノルマンディー級	2 隻	4 隻
1914 年	ノルマンディー級	2 隻	1 隻
1915 年	リヨン級	4 隻	
1917 年	新型戦艦	2 隻	

超ド級戦艦の建造と幻のノルマンディー級

新型戦艦の横顔

英海軍がオライオン級からキングジョージV世級、アイアンデューク級へと超ド級戦艦建造の賭け金をつり上げる中で、ブルターニュ級では陳腐化が早いと判断して、仏海軍が新たに計画に盛り込んだのがノルマンディー級戦艦である。

本級最大の特徴は、三四〇ミリ砲用の砲塔を四連装化して、これを三基搭載しようとしたことにある。三連装砲塔はイタリアが一九〇九年起工の戦艦「ダンテ・アリギエーリ」で実現していたが、フランスは四連装化を試みたのである。

砲塔の多砲身化によって、少ない砲塔でも戦闘力を落とさずに済むメリットがある。加えて設計面では艦の全長の短縮につながるが、これが仏海軍には重要なメリットであった。

ノルマンディー級の全長は一七六・六メートルとされたが、当時これを建造可能なフランスの乾ドックは、ブレストとトゥーロンに合計三ヵ所しかなかった。トゥーロ

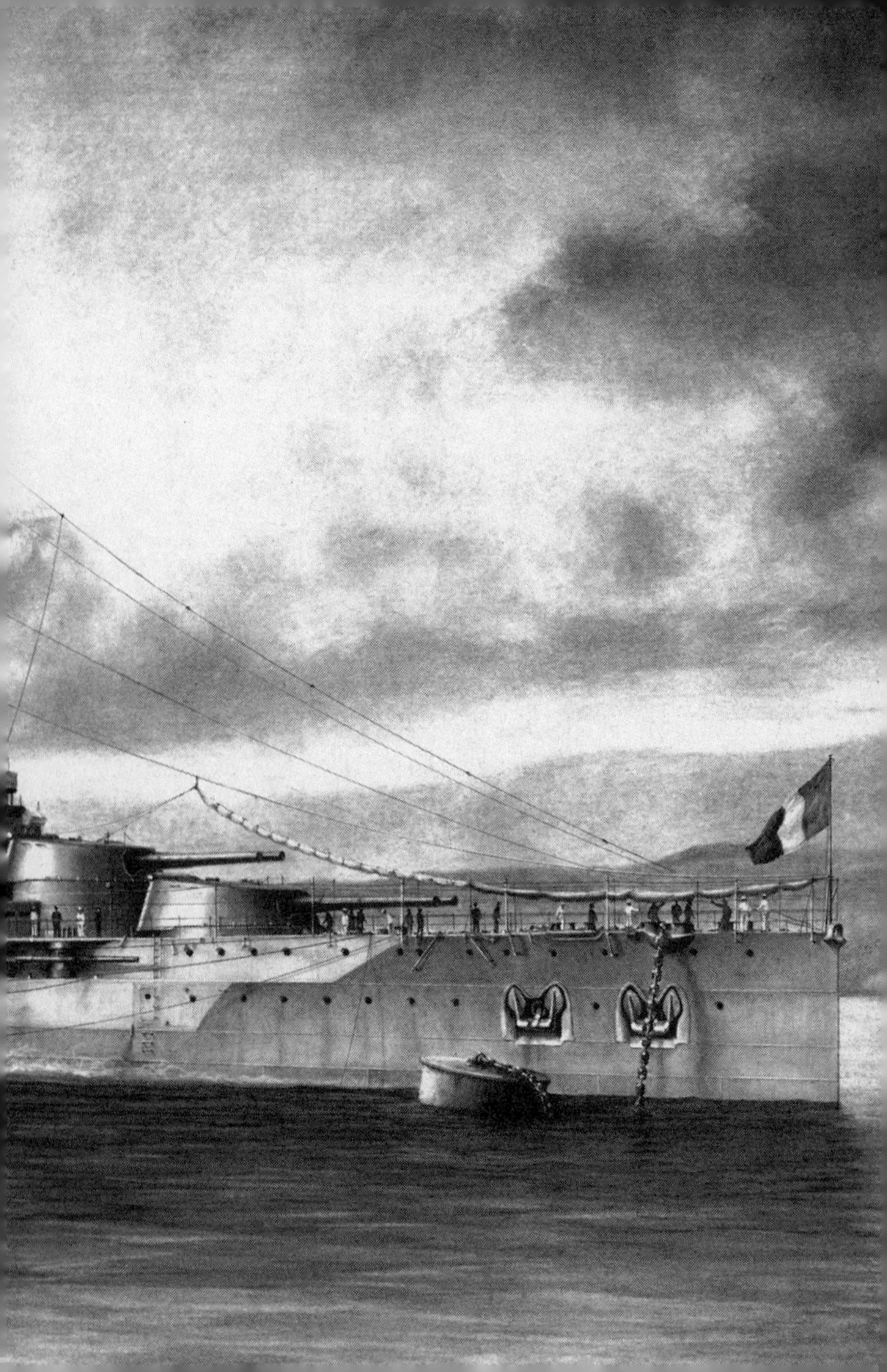

戦艦「クールベ」（就役時）〔鉛筆画：菅野泰紀〕

ンでは新たに二つのドックが二〇二メートルに拡張工事中であったが、完成は一九一三年以降とされていた。既存の造船インフラで戦艦の能力を向上させつつ、建造ペースを維持するには、砲塔の多砲身化は不可避であったのだ。

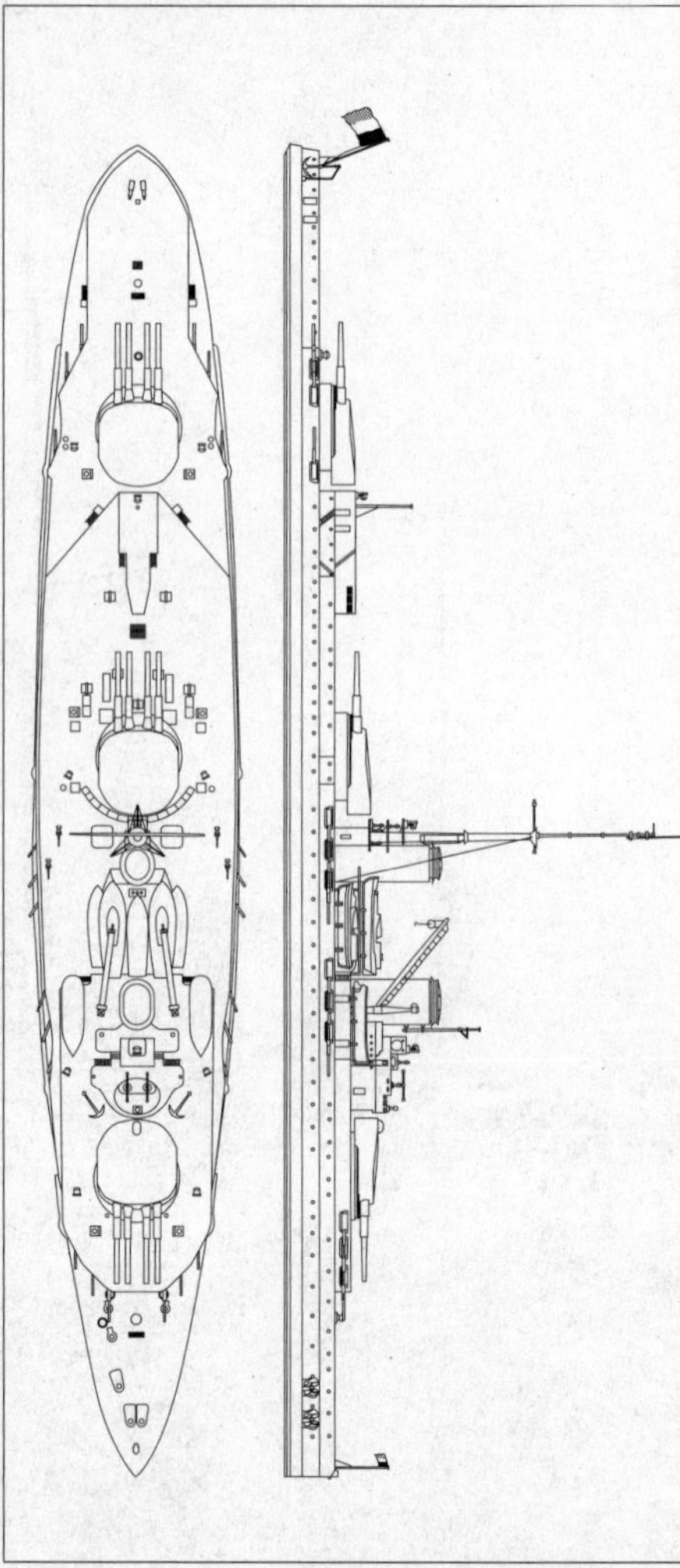

ノルマンディー級戦艦

もちろん砲塔の多砲身化は、砲塔が損傷した場合の戦力減少が大きいというデメリットがある。ノルマンディー級の場合、砲塔一基の破壊により三三パーセントの攻撃力を喪失してしまう。その不利を甘受してでも、既存のインフラで建造速度を落とさず、かつ攻撃力を上げようとした結果、ノルマンディー級のデザインとなったのである。英海軍のアイアンデューク級のような全長一九〇メートルもある戦艦の建造は、一九一二年のフランスでは夢物語に過ぎなかった。

一九一五年の建造計画にあるリヨン級は、ノルマンディー級の拡大案である。この時期には各地の乾ドックの拡張工事が完了しているものとして、全長は一九四・五メートルと大型化していた。しかし結果として主兵装のレイアウトは紛糾した。三四〇

フランス戦艦の諸元（1907～1914年）

	リベルテ級	ダントン級	クールベ級	ブルターニュ級	ノルマンディー級	リヨン級
建造数	4隻	6隻	4隻	3隻	5隻（予定）	4隻（予定）
建造年	1903～08年	1907～11年	1910～14年	1912～16年	1913～14年	キャンセル
常備排水量	14,750t	18,500t	23,500t	23,500t	25,250t	29,000t
全長/全幅	138m/24.3m	147m/25.8m	166m/27m	166m/27m	176m/27m	195m/29m
速力ノット	19kt	19kt	20kt	20kt	21kt	23kt
兵装	305mm×4 194mm×10	305mm×4 240mm×10	305mm×12 138mm×22	340mm×10 138mm×22	340mm×12 138mm×24	340mm×16 138mm×24
最大装甲厚	280mm	250mm	250mm	250mm	280mm	280mm

ミリ一四門搭載（二万七五〇〇トン）という微増案から、主砲そのものを強化する三八〇ミリ砲八門搭載案、同砲を一〇門にして、排水量も二万九〇〇〇トンまで増加する案と対照的に、砲を三〇五ミリに落として二〇門搭載するという極端な案まで考案されたのである。

結局、リヨン級の主砲は三四〇ミリ四連装砲塔を一基増やす事で決着した。配置はノルマンディー級と比較すると、二番砲塔を後方にずらしてスペースを作り、煙突の間に前方を指向する砲塔を一基追加する形となった。艦の大型化にともない、主機主缶も強化されて、出力は一万トン以上増加、速度は二三ノットとされたのも、戦力増強に繋がる大きな変化である。

この時期、国際関係が急速に悪化していることが海軍には追い風となり、一九一二年海軍法による艦隊建造計画も改正された。その結果、ノルマンディー級の建造が前倒しされつつ、一隻増やされている。

これはブルターニュ級三隻と足して八隻とし、四隻単位の二個戦隊を編成するための措置であった。この一点を見ても、フランス海軍がノルマンディー級に寄せた期待の大きさが分かるだろう。

新型戦艦に盛り込まれた新機軸

ブルターニュ級戦艦がどちらかといえば保守的にまとまったのに比べると、ノルマンディー級、そしてリヨン級は過激な設計に挑んだ戦艦となった。限られた船体サイズを逆手に取った多連装砲塔を採用することで、列強の建艦競争に割って入ろうとしたのだ。ただし、多連装砲塔は、砲塔が機能を喪失した場合の戦力減少幅が大きすぎる欠点がある。リヨン級の場合、砲塔が一基破損すると二五パーセント、ノルマンディー級では三三パーセントも攻撃力を喪失してしまうのだ。

当然、これを危惧したフランス海軍では、砲塔の中央に縦の隔壁を置いて内部を二つの砲室に分け、一度のダメージで四門すべてが使用不能になる危険性を減らそうとした。また一撃で二基の砲塔が使用不能にならないように、砲塔同士の間隔を広めに取るようにも配慮した。その分、防御区画が大きくなり、装甲配置に問題が生じるが、全体での攻撃力維持を優先したのである。

このように新戦艦には、特に攻撃面を中心に新しい試みがされたが、一方でノルマンディー級はかなり急ピッチの建艦計画ということもあり船体の基本設計は前級とあまり変わらなかった。

ただし主機についてはノルマンディー級において、新機軸として石炭消費の抑制の

ために タービンとレシプロの併用案とされた。四軸のうち外側二軸が巡航用のレシプロ、内側二軸をタービンとする計画である。しかし、これは前ド級戦艦時代に試された逆行的な仕組みの焼き直しとの非難もあり、五番艦「ベアルン」では四基すべてがタービンとされた。

またリヨン級においては、従来の四軸から三軸に変更され、機関構成もレシプロ／タービン併用案から「ベアルン」同様の直結タービン案、実用化から間もないギヤード・タービンなど様々な案が検討された。

しかし、ここで「検討された」となってしまうのは、第一次世界大戦の勃発により、一九一二年計画が白紙化されたからである。

開戦後にノルマンディー級の三隻は進水まで終えた後に建造中断となり、リヨン級は未着工のまま放置された。その後、陸上の戦いが前例のない大消耗戦に移行すると、海軍工廠や造船所から多くの労働者が召集を受け、熟練工は資材や工作機械と一緒に、より緊急性が高い生産現場へと転換されてしまう。かろうじて、一九一三年に進水を終えていたブルターニュ級の三隻だけは最低限の工事が続けられて、一九一六年までに「ブルターニュ」、「プロヴァンス」、「ロレーヌ」として就役したのみであった。

ちなみにノルマンディー級の主缶は別の船に流用され、砲は陸軍が徴用、他の装備品はブルターニュ級の予備部品としてストックされることになった。

敗戦国同様のフランス海軍

一九一八年一一月に第一次世界大戦は終了し、フランスは多大な犠牲を払いながらも戦勝国となった。しかし、勝利の後に残された海軍主力艦艇の姿は貧弱を極めていた。

戦力として計算できる戦艦は、ダントン級が六隻、クールベ級が四隻と、かろうじて戦争中に完成したブルターニュ級三隻だけであったからだ。これは一九一二年の海軍法による艦隊建造計画から遥かに後退した結果であった。

技術面での立ち後れも目立つ。フランスがようやくド級戦艦をものにしたのを尻目に、イギリスは世界大戦の間だけでも戦艦一〇隻、巡洋戦艦二隻を建造した。その中には重油専焼缶を採用、二四ノットの速力で三八センチ砲を搭載した超ド級戦艦のクイーン・エリザベス級や、三〇ノットを実現した巡洋戦艦「レパルス」、「レナウン」があり、「フッド」の進水も終わっていた。

ドイツ海軍は敗戦によって消滅したが、替わって日米が主要海軍国として急浮上、フランスを追い抜き、気がつけばライバルはイタリア海軍のみという状況になってい

第一次世界大戦後の仏海軍ド級戦艦保有状況

級	艦名	竣工年
クールベ級	クールベ	1913.11.19
	フランス	1914.10.10
	ジャン・バール	1913.11.19
	パリ	1914. 8. 1
ブルターニュ級	ブルターニュ	1916. 2.10
	プロヴァンス	1916. 3. 1
	ロレーヌ	1916. 3.10

たのだ。

さらに深刻なのは、戦艦の運用構想が仏海軍の予想を大きく超えて変わってしまったことだ。

まず仏海軍は、戦艦同士の戦いでは、発見距離を八〇〇〇メートル、交戦開始距離を六〇〇〇メートル程度と想定していた。したがって主砲の最大仰角は一二度で、最大射程は一万四〇〇〇メートルほどであり、これで充分と考えられていた。

ところが一九一四年一二月のフォークランド諸島海戦では、英巡洋戦艦は距離一万五〇〇〇メートルで射撃を開始し、交戦距離は九〇〇〇〜一万二〇〇〇メートルで推移した。ドッガーバンクやユトランド海戦の昼間戦では一万八〇〇〇メートルを超えている。

これに対応して、独米の主力艦は仰角を一五度以上取れるようにしていたし、イギリスは改修工事を施して仰角を二〇度に増やし、二万二〇〇〇メートルでの砲撃戦に応じられるようにしていた。

こうした現実を前に、仏海軍はまず「ブルターニュ」の仰角を一八度まで増やす改修工事を実施して射程を二万メートル以上に伸ばした。しかしドックが足りないため、「ロレーヌ」の改修工事は一九一七年にずれ込み、完了は戦後と見積もられていた。

このように、仏戦艦はスペック面では常にイギリスの後塵を拝していたが、すべてが立ち遅れていたわけではない。射撃情報伝送装置や距離偏位測定装置などの射撃関連装置は充分に先進的であった。ところが測距儀がこれに釣り合っていなかった。仏戦艦は二・七四メートルの測距儀を中央装甲塔に置き、砲側には戦艦三笠レベルの一・三五メートルの測距儀で済ませていたのだ。

さすがに第一次大戦の直前に、司令塔の測距儀を四・五七メートル、砲側用を二メートルのものに更新したが、船の設計自体が遠距離での交戦を想定していないので能力強化にはそれほど効果はない。

防御面でも同じことが起こっていた。イギリスは超ド級戦艦の建造を重ねる中で、一五インチ、すなわち三八センチ砲弾への全周防御はあきらめて、重要区画の確保を優先した集中防御方式に傾いていた。しかしフランスは全周防御を捨てられず、その防御対策もド級戦艦レベルの攻撃に耐えられるようにはなっていなかった。

さらに仏戦艦は水雷防御も欠いていた。石炭庫を内部隔壁に流用し、弾薬庫の防御も考慮していない古い設計のままであったからだ。英独もスタートは似ていたが、大戦を通じて改良を重ね、英海軍は一九一七年起工の新造艦からバルジを採用し、細管防御構造の研究にも着手しており、アメリカもこれに倣っていた。ところがフランスの場合は、もともと低速な船にバルジを追加すること自体、足かせとして重すぎたし、既存のドックでは追加工事も困難であったのだ。

第一次世界大戦において、フランス海軍はドイツの矢面に立つことはなく、地中海における潜在的なライバルであるイタリアも同じ同盟国として戦ったことから、フランス戦艦は真価を問われる場面がなかった。もっとも戦争には勝利し、フランスは最大の脅威であるドイツの決定的な弱体化に成功した。しかし海軍基地を見渡したときそこにあるのは、戦わずして敗北したかのような、惨めな艦隊の姿だったのである。

困難を極める艦隊の再建

第一次大戦終了後、フランス海軍は艦隊の再建という重大な問題に直面した。この時、まず焦点となったのが建造を中断しているノルマンディー級戦艦五隻の扱いであった。これらは四番艦までは六割程度の完成度であり、五番艦の「ベアルン」は地中海鉄工造船所で起工されたばかりの状態であった。いずれにしてもネームシップの完

ノルマンディー級戦艦の船体断面と装甲配置

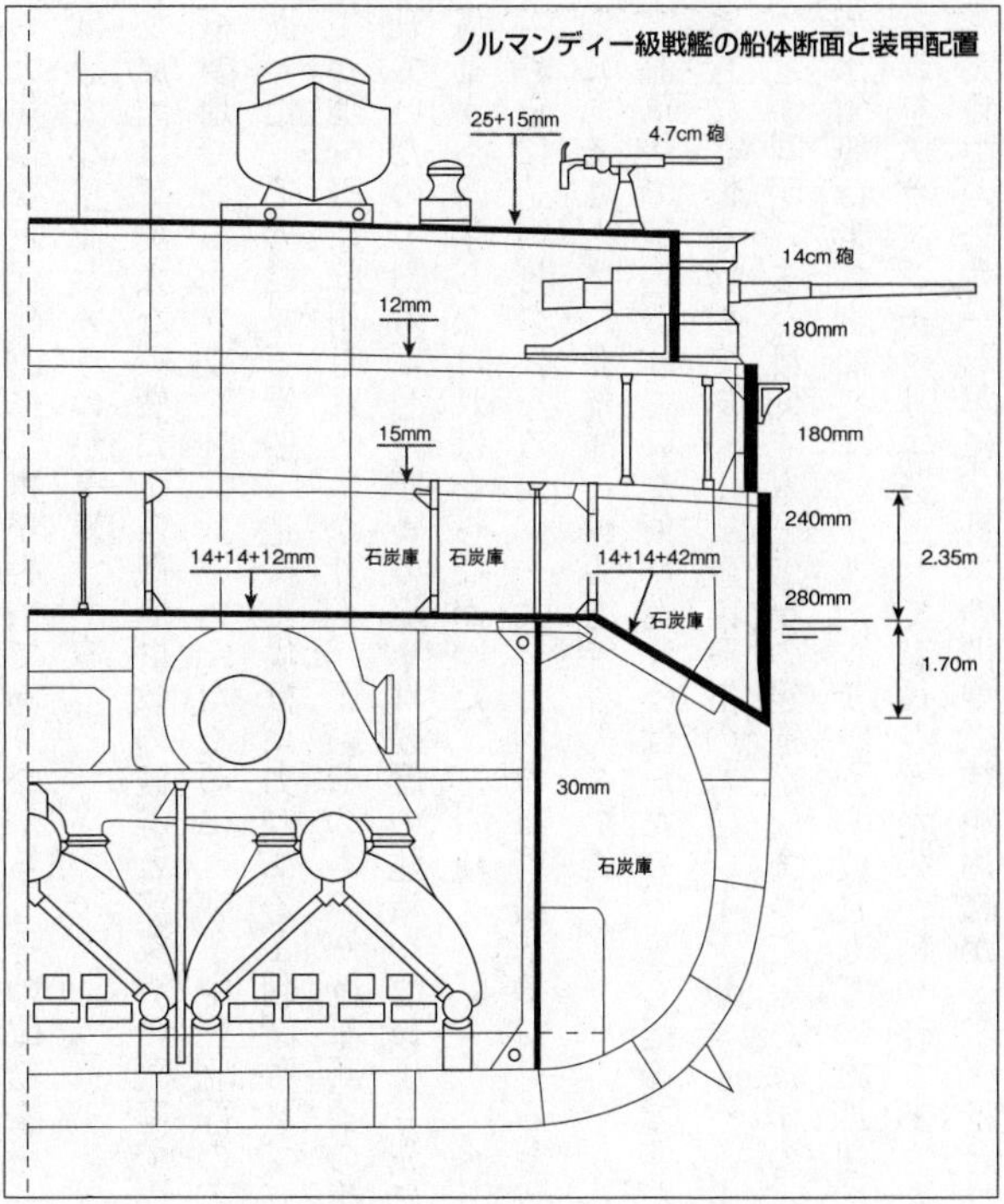

成は一九二〇年四月以降となる。

問題は、クールベ級やブルターニュ級より新しいノルマンディー級でさえ、水平防御と水中防御設計が時代遅れのままであり、またレシプロ／タービン併用推進では高速時代に対応できなくなっていることであった。戦力とするには竣工した時点から大規模な近代化改修工事が必須でありながら、その改修工事さえ当時のフランスには過大な重荷というのが実態である。

原因は、莫大な戦費による政府財政の破綻と産業界の荒廃であった。戦場が国土の枢要地である北フランスに食い込んだために、戦争中、北部の工業地帯は麻痺状態にあった。その結果、造船、造機工場は余力があると判断されて、各種の工作機械や職工が他分野に転用されるばかりか、工廠そのものが陸軍兵器の生産工場に作り変えられていたのである。したがって海軍は艦艇の建造や改修より先に、造船インフラの再構築から着手しなければならなかった。

さらに追い打ちになるが、一九一二年の海軍法基準で見ると、戦艦はまだましな状況にあることも、仏海軍の悩みを深くしていた。

海軍法で予定されていた偵察巡洋艦はただの一隻も起工できなかったし、駆逐艦はさらに悲惨な状態であった。戦前設計の八〇〇トン級コルベットは使い物にならないことが判明。また最低でも三二隻の建造が決まっていたはずの一五〇〇トン級の艦隊型水雷艇は形にもならず、アルゼンチンから受注していた四隻の水雷艇を接収して、これをアヴァンチュリエ級として就役させたのが精一杯であった。

大戦中の一九一七年に、日本の樺型二等駆逐艦が一二隻ほどフランスに輸出されて、アラブ級駆逐艦として就役したのも、こうしたフランス海軍と造船業界の惨めな実態を反映していたのである。

艦隊再建への道筋

山積する艦隊再建の端緒として、一九一九年二月にフェルディナン・デュボン海軍参謀総長は、駆逐艦、軽巡洋艦、そして戦艦の順に、再建優先順位を付ける決定をした。

これは現実的な計画ではあったが、戦艦の起工は一九二二年まで先送りされることになってしまい、この順序通りの再建計画では、戦艦の整備予定の目処が付かなかった。そこで取り急ぎ、ブルターニュ級、クールベ級の順で、使える予算と設備の範囲内での近代化改装が着手されたのである。

戦後のブルターニュ級戦艦の近代化について改めて整理すると、まず一九一九年から「ブルターニュ」の改修作業がトゥーロンで開始。その内容は主砲仰角の増大や、艦橋構造の大型化であり、第一次大戦中に英戦艦の標準装備となっていたヴィッカース製の射撃指揮装置もブルターニュ級にも導入されて、新設計の三脚マストに据えられた。また兵装関係では前部砲郭を廃止して上甲板に高角砲を追加した。

ブルターニュ級戦艦「プロヴァンス」

同様の改修工事が一九二二年に「ロレーヌ」、その翌年には「プロヴァンス」に、それぞれ施される予定となった。

残る問題は、未完成のノルマンディー級の扱いであった。船体が完成している四隻については、兵装関連は最新型に更新可能であった。しかし装甲配置は現行のままで、さらに判断を迫られるのが、主機主缶の強化であった。

二一ノットで計画された本級であるが、戦力として期待するなら最低でも二五ノットは発揮できなければならない。そうすると、まず機関出力を三万二〇〇〇hpから八万hpに強化し、かつ四軸すべてをギヤード・タービンに換装しなければならない。これには艦内容積が足りないので、船体の延長工事も追加されることとなる。

主砲は仰角二三度まで増やせば射程二万六〇〇

〇メートル超となるため、他国の一線級戦艦に並ぶ。

またブルターニュ級に施したのと同様の改修はもちろんのこと、一線級の戦艦として体裁を整えるために、ほとんど考慮されていなかった水平装甲の強化と、バルジの追加をする必要があった。

以上が、まだ完成していない戦艦四隻に対して発生することが確定している改修要求であった。

これについて予算や造船所の確保など現実的な問題と付き合わせると、計画完了までに最低でも一〇年の時間がかかることが判明した。そしてその予算には財政的に応じられないのも明らかであった。フランス海軍の艦隊再建計画は最初から暗礁に乗り上げたのである。

なお、五番艦「ベアルン」のみは例外であった。まだ船体が完成していなかった本艦は、一九二〇年に進水したものの、扱いが決まらず放置されていたが、後に木造デッキを追加して航空母艦の検証艦として使われることとなった。未完状態が幸いして、新たな使い道が与えられた分、幸運な船であったと言えるだろう。

ノルマンディー級戦艦（未成艦）
〔鉛筆画：菅野泰紀〕

海軍軍縮時代の再建と模索

衝撃的内容の海軍軍縮条約

一九二一年八月、フランスを含む主要海軍国、イギリス、アメリカ、日本、イタリアの五ヵ国代表団により、ワシントンで海軍軍縮交渉がもたれた。

これは第一次世界大戦が終了したにもかかわらず、日米で先鋭化していた建艦競争を抑制して、特に金食い虫の戦艦の保有数を世界規模で削減する目的の国際会議であった。際限のない軍備増強を喜ぶ国などあるはずもなく、しかし各国とも最大限の「戦果」を得るべく総論賛成、各論反対を重ねながら交渉は続き、翌年になってようやくワシントン海軍軍縮条約として結実した。

ここでは、条約の交渉過程をフランスの立場を中心に見ておこう。

フランスは当然、世界規模での海軍主力艦艇の削減を歓迎していた。ドイツ海軍が消滅し、英米日の三ヵ国が突出して先行している現状、海軍兵備の全体的な削減は基本的に自国に有利であるからだ。その一方で、イギリスに次ぐ世界第二位の植民地保

ワシントンD.C.で開催されたワシントン海軍軍縮会議（US Navy）

有国としての海軍艦艇のニーズを反映して、自国にはバランスの取れた艦隊保有を認めさせるという方針で会議に臨んでいたのであった。

しかし英米が主導する軍縮の中身は、フランスの予想と大きく違っていた。条約発効から一〇年間の新規戦艦建造の停止と、戦艦の性能および保有総トン数の制限は、フランスの海軍再建計画を大きく毀損するものであった。目下建造中のノルマンディー級戦艦が白紙化されると同時に、旧型戦艦の放棄を強いられる一方で、新造艦の建造で追いつくことも不可能となるからだ。

もっとも、国際的な地位や世界大戦の戦勝国としての立場を考えれば、日本と対等の海軍力は認められて当然というのがフランスの最低限の見積もりであった。しかし英米がこの軍縮交渉で重要課題としているのは、日本を巻き込んだ西太平洋における勢力均衡である。そのため、いわゆる戦艦保有比率交渉に仏伊が加えられたのは、英米日の五：五：三の戦艦保有比率がまとまってからのことであり、この比率に影響するような両国の主張はことごとく退けられた。

以上の交渉経過を知ったブリアン首相は、代表団に対してあくまで日本と同等勢力を保持する権利を確保するようにと指示した。しかし時代遅れの戦艦を維持するのに精一杯で、列強海軍相手には沿岸防衛すらままならない海軍の現状を見透かされていたフランスには、有効な取引材料がなかったのである。

仏代表団は状況打開のため、団長のアルベール・サロー海相がアメリカのヒューズ国務長官と接触した。ところが、フランスの戦艦保有トン数が日本の約半分、イタリアと同等の一七万五〇〇〇トンに削減するよう要求されることを知り、一層の衝撃を受けた。仏側はこの条件は一九一二年制定の艦隊法との乖離がひどく、フランスの立場を反映していないと抵抗したが、他の列強はあくまで現有戦力が比率算出の基準であるとして、フランスの事情を考慮することはなかったのである。

これによりノルマンディー級戦艦の保有の道は断たれた。現実的に、日米が建造中も含めた多数の未成艦を諦めることを前提に進む交渉の中身に、フランスが抗えるはずがなかったのだ。

仏海軍の一部には交渉打ち切りも止むなしとの強硬論も生じたが、交渉が決裂すればヨーロッパにおける地位低下を避けられなくなるのは明白であり、フランスにとって国益を毀損させてまで艦隊の戦力維持に努めねばならない理由はなかった。そしてついに、一九二一年一二月二八日の国防最高会議においてワシントン軍縮会議の内容の受け入れが決まったのである。そもそも艦隊法の実現は財政事情から夢物語であるのは、政治、軍部とも共通認識であり、この軍縮条約を奇貨として、フランスは海軍を新時代の防衛優先の組織に作り替えることとしたのである。

軍縮時代のフランス海軍の模索

艦隊規模の縮小はやむを得ないとしても、英米日の一方的な思惑を受け入れるだけでは、将来の浮上は困難になる。そこでフランスはイタリアと共同戦線を張り、戦力としては陳腐化が著しいド級戦艦について代艦建造枠を特例として要求した。そして一九三三年までに七万トンの新規戦艦建造枠を認めさせたのである。条約締結から一〇年は新規戦艦の建造は認めないのが条約の骨子であることからすると、大きな譲歩を勝ち取ったことになる。

戦艦「パリ」(クールベ級４番艦)
〔鉛筆画：菅野泰紀〕

この七万トンの新造枠をテコに、仏海軍は新時代の海軍への脱皮を決意したわけであるが、同時に、今や虎の子となった既存の戦艦群の近代化改修も不可避であった。戦艦のない国防は考えられず、穴を開けるわけにはいかないからだ。

改めて整理すると、軍縮条約が施行される一九二二年の時点で、フランスが保有しているのはダントン級三隻、クールベ級四隻、ブルターニュ級三隻、計一〇隻であった。しかし前ド級艦となるダントン級の近代化は問題外であった。しかも同年八月二四日にクールベ級の四番艦「フランス」がロリアンに近いキプロン湾で暗礁に乗り上げ、沈没する事故が発生した。この結果、近代化の対象は六隻となった。

しかし近代化は容易ではない。既存ドックの容量限界で建造したためもともと余裕がない船であったが、共通して艦首砲塔が背負い式で艦首に近いこともあり、砲口径の増大は重量増と重心バランスの悪化要因になるとして実現できなかった。これで攻撃力の劇的改善は見込めなくなった。

またユトランド沖海戦で判明した戦艦の水平防御の重要性や、対水雷防御に不可欠な水中防御も、重量増加と速度低減を招き、ただでさえ低速艦が負うハンデとしては、許容できなかった。

だが物事には優先順位がある。そもそも軍縮会議の交渉中に仏海軍はより防御的な海軍に脱皮していくことを政治決定していたのだ。それではいったい、フランスの海洋権益における脅威と課題の優先順位はどのように認識されていたのだろうか。

フランスの立場では、アメリカとの間には対立要因は存在していなかった。ドイツ海軍は消滅し、政治的にはライバルであるイギリスとも、海外植民地については手打ちが済んでいて、対立要因はない。日本はフランス領インドシナ（仏印）に対する潜在的な脅威ではあるものの、フランス本国にとってのリスクは低く、対処に戦艦を要する問題ではない。

こうした状況からフランスが戦艦を必要とする相手はイタリア海軍のみであった。イタリアもフランス同様に六隻の戦艦（「ダンテ・アリギエーリ」、コンテ・ディ・カブール級三隻、カイオ・ドゥイリオ級二隻）を保有していた。特にドゥイリオ級は主砲口径こそ三〇・五センチであったが、三連装と連装砲塔の混載で五基一三門もの攻撃力を持ち、仰角二〇度の主砲の射程はブルターニュ級を上回る二四キロを発揮した。

このように戦艦勢力でほぼ拮抗し、かつ西地中海で利害がぶつかるイタリアを、フランスは仮想敵国と定め、一九二〇年代を通じて既存戦艦の改修に着手したのであった。

フランス戦艦の近代化改修

クールベ級

艦名	第一次改修	第二次改修
クールベ	1923.7/9 ～ 1924.4/16	1927.1/15 ～ 1931.1/12
ジャン・バール	1923.10/12 ～ 1925.1/29	1927.8/29 ～ 1931.9/28
パリ	1922.10/25 ～ 1923.11/25	1927.8/16 ～ 1929.1/15

ブルターニュ級

艦名	第一次改修	第二次改修
ブルターニュ	1919.6/12 ～ 1920.10/18	1924.5/1 ～ 1925.9/28
ロレーヌ	1921.11/10 ～ 1922.12/4	1924.11/15 ～ 1926.8/4
プロヴァンス	1922.2/1 ～ 1923.7/4	1925.12/12 ～ 1927.7/11

改修内容：
主砲最大仰角を 12 度から 23 度に向上
前檣楼を三脚楼に再設計、射撃方位盤、測距儀を刷新
艦首付近の装甲帯を撤去
一部ボイラーを重油専焼に変更
75mm 高角砲と射撃指揮装置を追加
サン＝シャモン・グラナ射撃指揮装置を追加など

仮想敵はイタリア海軍

クールベ級、ブルターニュ級戦艦それぞれの近代化改修の時期と内容は表の通りである。

細部は異なるが、装甲配置の見直しによって重量バランスを改善して凌波性、航洋性を向上させること。そして主砲の射程延伸と射撃指揮装置の性能強化が狙いであった。一方で、機関の換装や水平、水中防御の強化などは予算と時間の関係から見送られた。

仏戦艦の近代化改修は一九二七年末までに、概ね完了した。しかしこの間、イタリアは保有戦艦について別のアプローチをとっていた。

実は保有艦数に加えられていたカブール級三番艦の「レオナルド・ダヴィンチ」は、大戦中に転覆事故を起こしていて、条約交渉時には復帰する予定であったが、結局は一九二三年に廃艦となった。さらに一九二五年四月に「カイオ・デュイリオ」が弾薬庫の爆発事故を起こしていた。

こうした状況で、伊海軍は旧型戦艦に資源を費やすよりも、別の形を模索していたのである。それが巡洋艦隊の整備であった。

ワシントン会議では、各国でまちまちに整備されていた巡洋艦について明確に定義

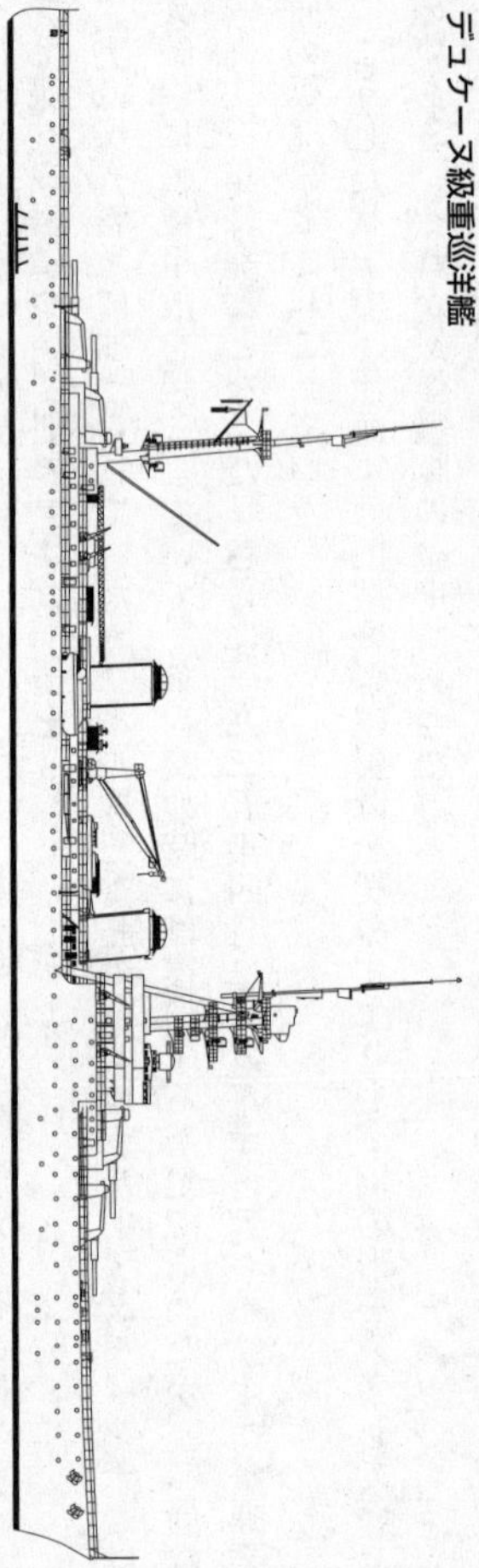

デュケース級重巡洋艦

された。制限された戦艦の隠れ蓑とされないためである。その結果、巡洋艦は基準排水量一万トン、主砲の口径は八インチ（二〇・三センチ）が上限とされた。いわゆる条約型巡洋艦の誕生である。

しかし、ワシントン軍縮条約では巡洋艦の保有数に制限がなかったことが、後々に弱点として顕在化した。戦艦保有の制限により生じた海洋戦略の見直しを、巡洋艦隊の整備によって埋め合わせする傾向が強くなったからだ。

条約型巡洋艦の整備には、主要海軍国の主張や方針がはっきりと現れた。イギリス

仏伊の条約型巡洋艦の比較

	デュケーヌ級	トレント級
基準排水量	10,000t	10,500t
速度	33.75kt	35kt
主砲	20.3cm 連装砲 x4	20.3cm 連装砲 x4
出力	120,000ps（仏馬力）	150,000ps（英馬力）
同型艦	トゥールヴィル	トリエステ

※トレント級巡洋艦は弾薬庫などバイタル周辺の装甲強化などにより、条約違反の排水量となっていた。

は遠方の植民地における通商保護に特化した性能の巡洋艦を計画し、アメリカは太平洋における戦略的な偵察、前衛艦隊と位置づけて整備した。日本の場合は主力艦の劣勢を埋め合わせする一種のミニ戦艦を目指して、航続距離をトレードオフさせつつ火力と速度に優れた攻撃的な巡洋艦を建造した。

この中で、フランスの動きは速かった。条約締結の直後、一九二二年から同海軍はデュゲイ・トゥルーアン級軽巡洋艦の建造を開始していたが、これに続き、一九二四年秋にはデュケーヌ級重巡の建造に着手したのだ。仏海軍は一九二四年に艦隊建造計画を見直し、以降一〇年は巡洋艦以下の建造に集中し、主力艦については一九三二年以降に建造を開始して、一九四〇年代半ばまでに条約制限の上限に到達するという方針を固めていた。デュケーヌ級は巡洋艦の第一段となる。

しかし、このフランス海軍の動きは、イタリアの動向に刺激されてのものであった。フランスがイタリアを仮想敵と定めたのと同様に、イタリアもフランスを強く敵視しはじめていた。地中海でのプレゼンスは、フランス以上にイタリアの死命に直結するからだ。

フランスがデュケーヌ級の建造を急いだ動機は、イタリアの重巡洋艦建造計画（後のトレント級）を掴んだことによる。ところがイタリアの立場にしてみれば、彼らが巡洋艦隊の整備に注力するのは、フランスが優勢を占める大型駆逐艦に対抗するためであった。皮肉なことに、軍縮条約の締結によって、交渉では無視され、下位に置かれた仏伊の二国間で熾烈な建艦競争が始まったことになる。

第二章　条約型戦艦の開発と建造

迷走するフランス戦艦の将来像

重巡キラーとしての戦艦の研究

ほぼ同じ条件と制約のもとで軍縮条約時代を迎えた仏伊両国だが、焦点を地中海戦略だけに置いた場合、イタリアは自国の領土そのものを中部地中海における不沈空母として使える利点があった。爆撃機の航続距離内を安全圏として、その中から高速巡洋艦戦隊が一撃離脱戦術でフランスと北アフリカの通商路に打撃を与えることも、技術革新が著しい航空機を見れば充分に期待できた。

地中海を生命線とするのであれば、イタリアの本来の仮想敵はイギリスとなる。しかし停滞する経済状況や、現行の技術力を見れば、新規建造枠の七万トンを使った戦艦の建造に踏み出すような状況になく、イタリアは既存艦を保持するだけでも精一杯であった。したがって当面は、伊海軍の仮想敵は隣国のフランスとなるのは必然であった。そうなると、同じく旧式戦艦の重みにあえぐ対仏海洋戦略上有効なのは、巡洋艦を主軸とする軽快な艦隊という結論になったのだ。

フランスの目にも、戦艦の整備に不活発なイタリアの姿が、旧来の価値観を捨てたまったく新しい発想——艦隊戦用の戦艦ではなく、例えば高速巡洋艦隊の独立運用による通商破壊——で地中海戦略を練り直している可能性を示唆しているように映ったと言える。

結果、仏海軍では巡洋艦の新造を急ぐとともに、条約下の保有枠七万トンをもってイタリア海軍に確実に優位に立つべしという考えが強くなった。こうした戦略環境の変化から、まったく新しい発想の戦艦が必要とされたのであった。

研究のみで終わった小型戦艦案

一九二六年、フランス海軍参謀総長のアンリ・サラウン提督は、条約型巡洋艦を圧倒できる攻撃力と速度を有する、一万七五〇〇トン級戦艦を設計するよう海軍の造船技術部に要求した。

その仕様は全長が二〇五メートル、全幅が二四・五メートルで、デュケーヌ級重巡のそれより全長で一〇メートル、全幅で五・四メートルほど上回る。また主砲は五五口径の三〇五ミリ砲を四連装とした砲塔を二基搭載、速力は三五ノット、防御は条約型巡洋艦の最大口径である二〇三ミリ砲に堪えるというものであった。

この一万七五〇〇トン級戦艦案についてはスケッチ、図面の類いが残っていない。しかし仕様から逆算すると、ボイラー出力は一八万馬力、装甲は主装甲帯が一五〇〜一八〇ミリ、水平防御は七〇ミリ程度となると推測される。

イタリアの巡洋艦を三五ノットで追跡しながら射程四〇キロメートルの高初速砲で撃破するという戦いを想定した、いわゆる巡洋戦艦である。条約型戦艦の半分の排水量であるため、中型というより、むしろ小型戦艦と呼ぶべき艦容だ。一見頼りないが、伊海軍の既存の戦艦群と比較すると速力と主砲の射程で大幅に上回るので、かなり安全なアウトレンジ攻撃が可能である。したがって両国の海洋戦略を根底から変える力を秘めた戦艦案であった。

ところが、これは古典回帰の船でもあった。別表のとおり、イギリスで建造された世界初の巡洋戦艦であるインヴィンシブル級と、速度以外のスペックでほとんど違い

17500トン級戦艦案の比較

	17500トン級戦艦案	インヴィンシブル級巡洋戦艦
排水量	17500t(基準排水量)	17373t(常備排水量)
全長	205m	172.8m
全幅	24.5m	23.9m
速度	35kt	25.5kt
兵装	305㎜/L55 8門	305㎜/L45 Mk.X 8門
	ー	102㎜砲 16門
装甲	150-180㎜(装甲帯)	102-152㎜(装甲帯)
	70㎜(水平)	19-64㎜(水平)

がないからだ。

だが子細に見ると認識が変わる。なによりフランスが直面している戦略的課題には合致した巡洋戦艦であり、搭載予定の五五口径三〇五ミリ砲以外は、すべて既存技術と設備で建造できる事が大きい。七万トンの建造枠の中で四隻を取得可能であり、一九二七年から発注をかければ、一九三三年までにすべて揃う計算も立つ。

英巡洋戦艦は第一次世界大戦の一九一四年一二月に、ドイツ海軍のシュペー提督が率いる東洋艦隊とフォークランド沖海戦を戦い、敵装甲巡洋艦二隻を圧倒して勝利している。対イタリア巡洋艦を想定しても、決して机上の空論とはならないだろう。

だが、巡洋戦艦には一つの暗い影があった。一九一六年のユトランド沖海戦で、水平防御の不足が露呈していた。つまり一万七五〇〇トン級戦艦は、戦艦との正面切っての砲撃戦では戦力として計算できない船であった。加えて、戦艦保有枠を残したイタリアが将来に高性能戦艦を建造した場合、残る一〇万五〇〇〇トンの枠で仏海軍がこれに対抗できると考えられる根拠もなかった。

結局、スケッチさえないことから察せられるように、小型巡洋戦艦案は間もなく立ち消えとなったのであった。

ミッシングリンクとなる戦艦案

仏海軍では一九二六年から二八年の間に本格的な条約型戦艦の研究が実施されていた。この詳細については長い間、全体像が不明であったとされるが、近年の資料発見と研究により概要の多くが判明した。

これはフランス語から直訳すると三万七〇〇〇トン級巡洋戦艦案とでも呼ぶべきもので、メートルトン、英トンのどちらを使っても条約違反の排水量となるが、基準排水量ではなく常備排水量による数字ということらしい。

一九二七年五月に初出の要目では、シュフラン級重巡洋艦のレイアウトを、そのまま拡大したようなものとなっている。全長二五〇、全幅三〇・五メートル、主砲は三〇五ミリ砲で、四連装砲塔を前方に二基、後方に一基搭載。副砲の一三〇ミリ砲も四連装にまとめられていて、二番砲塔のやや後方両舷側に各一基と、三番砲塔の背後に背負い式に一基というレイアウトであった。

他に対空兵装として九〇ミリ単装高角砲八門を、上構と後部伏砲塔の背後に四門ずつ集中配備し、さらに三七ミリ単装機関砲を一二門搭載、また上構の下部、艦の中央やや前方寄りの両舷には三連装五五〇ミリ魚雷発射管を各一基据える仕様となっていた。

もっとも最初の案は翌年に改正されて、三三ノット案を基軸とする複数の案に変化した。ただし、この改正は外見や上部構造のレイアウトではなく、艦内配置と装甲配置の見直しを中心としたものであった。

新たな三万七〇〇〇トン案の装甲配置は、これまでの仏戦艦の伝統であった全周防御をやめて、集中防御の発想に近づいている。舷側の主装甲帯は水線付近で二八〇ミリ、上端で二二〇ミリ、喫水線下の下端に向かってはやや傾斜が持たせてある。これに蓋をするように据えられた中甲板の装甲は七五ミリで、下甲板はスプリンター防御を兼ねて二五ミリ厚の装甲鋼鈑となっていた。この下甲板は途中からやや下向きに傾斜して装甲帯の下端に接続している。

装甲帯を側面に見立てた箱状の装甲ボックスを備えた艦と言うことになる。アメリカのネヴァダ級、ペンシルヴェニア級戦艦で確立した装甲配置をフランス式に解釈し

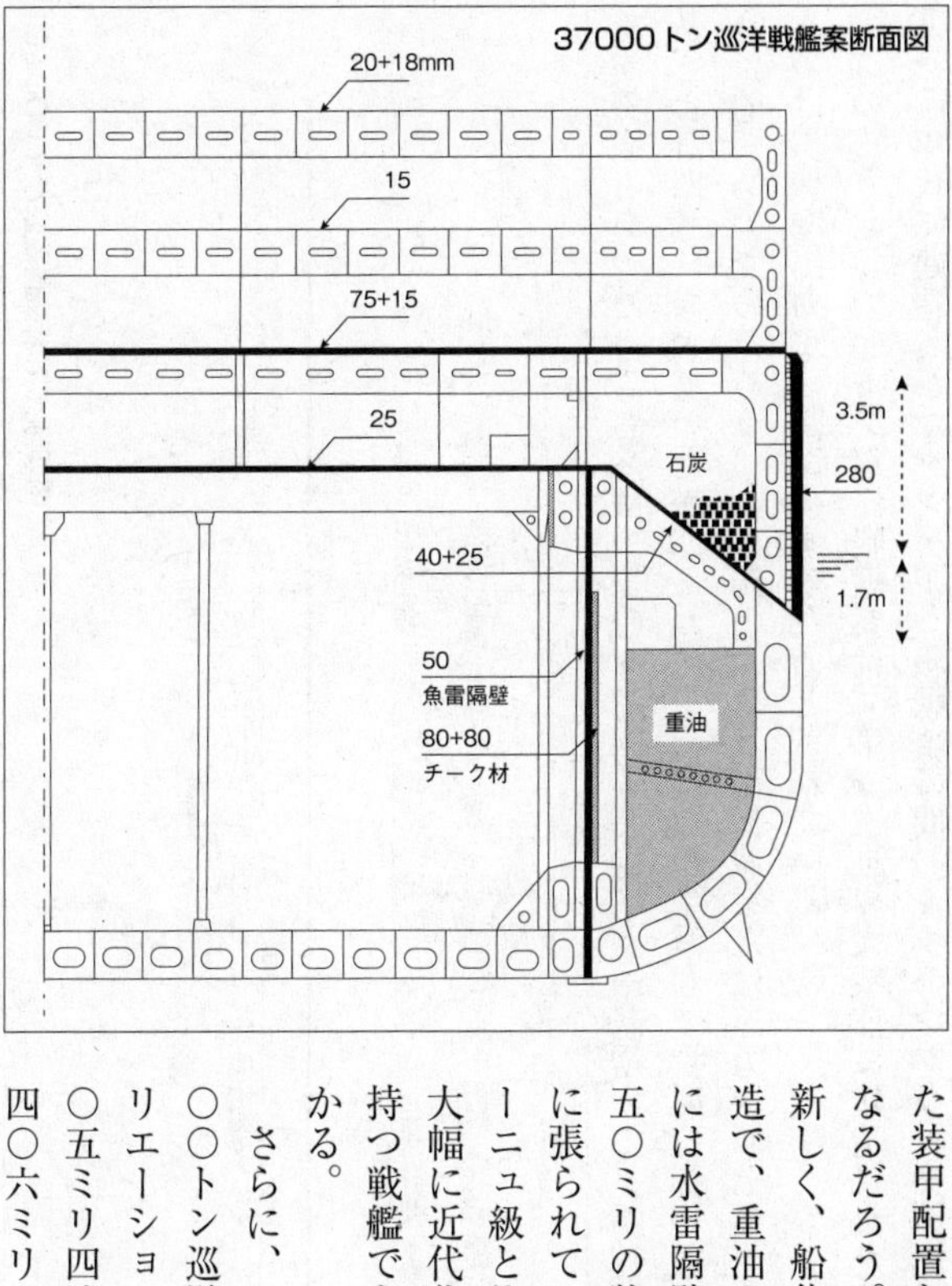

た装甲配置ということになるだろう。水中防御も新しく、船体は二重底構造で、重油タンクの内側には水雷隔壁として厚さ五〇ミリの装甲板が垂直に張られていた。ブルターニュ級と比較しても、大幅に近代化した構造を持つ戦艦であることが分かる。

さらに、この三万七〇〇〇トン巡洋戦艦案のバリエーションとして、三〇五ミリ四連装砲塔を、四〇六ミリの連装砲に変

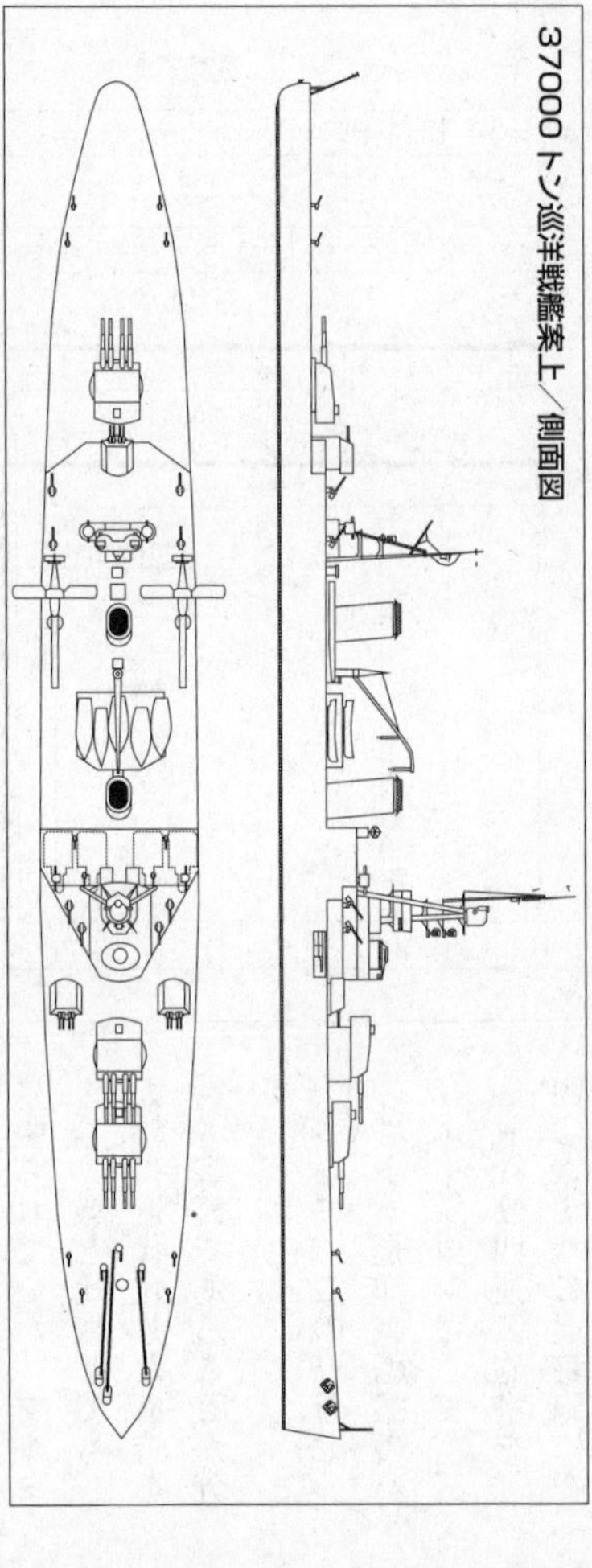

37000トン巡洋戦艦案上／側面図

更する案もあった。こちらは一三〇ミリ四連装砲塔が一基増えて、艦首、艦尾とも二基、合計四基になっていたが、これは主砲門数が半減して投射砲弾の数が減るのを補う目的であったのだろう。この四〇六ミリ砲搭載案だけ速力が二七ノットになっているのは、機関出力が三割減少するためとされている。

この三万七〇〇〇トン巡洋戦艦案は、第一次世界大戦前に建造された仏戦艦と、一九三〇年代に建造されたダンケルク級戦艦の間のミッシングリンクを埋める存在である。

外見的な繋がりは四連装化された主砲と副砲ということになるだろう。もっとも、本案の副砲は仰角四五度しかなく対空砲としては期待できなかった一方、ダンケルク級のそれは対水上、対空の両方に対処できる両用砲に進化している。

機関部はボイラーとタービンがシフト配置になっていて、艦首側のタービンが外側の二軸、艦尾側のタービンが内側の二軸をそれぞれ駆動する配置となっている。これはデュケーヌ級巡洋艦以降のフランス大型艦の定番レイアウトであった。

新戦艦案が露呈したフランスの弱点

以上のように、技術的には見るべきものが多い三万七〇〇〇トン巡洋戦艦案であるが、当の仏海軍としては真剣に建造する気はなかったようだ。実際に建造するには、フランス造船業界に問題が大きすぎたからだ。

一つは造船インフラの問題だ。第一次世界大戦の直前、フランスは造船設備の拡充を急いだが、ブレストに完成した二つの二五〇メートル級ドックは修理、整備用であり、戦艦などの建造に堪える関連設備を欠いていた。トゥーロンに建造中の四〇〇メートルドックも、完成は一九二七年であり、通常は中央付近を可動式のケーソンで分割して使用する構造で、単独の船の建造はイレギュラーな仕様であった。

未完成に終わったノルマンディー級戦艦が、最終的な全長が一七六メートルに抑えられたのは、二〇〇メートルの壁を破れる造船設備がフランスに存在しないためであった。条約型戦艦としてかなりコンパクトな設計であったイギリスのネルソン級も水線長は二一四メートルある。上限一杯の船を作るには、仏海軍はまずインフラの整備から始めなければならなかった。

次の問題が財政である。これは先のインフラ問題ともリンクするが、例えば三万五〇〇〇トン級の造船ドックの建造費用は一億三〇〇〇万フランとも見積もられていた。後のダンケルク級戦艦が一隻あたり八〇〇〇万フランであったので、負担の大きさが分かる。

さらにこれほどの費用となると、既存の主力艦隊建設にも支障が出る。すでに毎年巡洋艦一隻、駆逐艦、潜水艦を各六隻ずつ建造する計画が始動しているところに、もし戦艦建造計画が差し込まれると、造船所の確保もままならず、計画は確実に大混乱を起こす。仮にインフラ問題が解決したところで、砲熕兵器、光学装置、主機主缶、装甲鋼鈑など、フランスの軍艦建造には様々な製造能力上のボトルネックがあり、既存計画でさえ遅れが隠せなくなっていたのだ。仮にこのような技術的、生産能力的課題を克服できたとしても、巡洋艦四隻分にも達する戦艦建造予算が、今度はどこからも出てこない。

最後に政治の問題も残っていた。フランスはこの時期、国際連盟の枠組みを重視しながら陸軍および空軍の包括的な軍縮をリードしようとしていた。その一つの成果として、一九二六年五月一八日にはジュネーブで軍縮準備委員会の第一回会議が開催されていた。ヨーロッパ大陸を中心に通常軍備縮小の道筋を付けたいフランスとしては、この国際会議が始まるタイミングで新型戦艦を保有するメリットがない。

また、このフランスの動きとは別に、アメリカのクーリッジ大統領の提唱で、一九二七年六月から補助艦の保有制限を議論するジュネーブ海軍軍縮会議がはじまった。フランスは国際連盟重視を主張して不参加であったが、英米日が参加している海軍軍縮の新たな枠組み作りが進む中で、フランスの新型戦艦が悪影響を及ぼす可能性は捨てきれない。

また、一九二二年に隣国イタリアで発足したムッソリーニのファシスト党政権はフランスにとって充分な脅威であったが、この時期のイタリア海軍はまだ、最高度の注意を必要とするほどの存在ではなかった。

イギリスでは一九二九年に渡米したラムゼー・マクドナルド首相が、ワシントン海軍軍縮条約で徹底を欠いた補助艦の削減を中心的議題とし、同時に、条約型戦艦の制限を現行の基準排水量三万五〇〇〇トンから二万五〇〇〇トンに縮小し、主砲も一二インチ（三〇・五センチ）に際制限するという大胆な提案をしていた。これはフランスにも望ましい提言であった。

アメリカのフーバー大統領も、大艦巨砲主義には限界があると見なして、こうした方向性に賛意を示しており、フランスにとって軍縮ムードの国際環境は歓迎すべきものであった。そしてこの新たな軍縮条約の枠組みを先取りするように、中型戦艦の可能性に傾斜したのである。

ロンドン海軍軍縮条約と新型戦艦案

時間切れ間際のフランス戦艦

一九三〇年一月二一日、イギリス首相ラムゼイ・マクドナルドの提唱により海軍軍縮会議がロンドンで開催された。

主題は、先のジュネーブでは結実しなかった、列強海軍における補助艦保有の制限である。これについてフランスは巡洋艦、駆逐艦、潜水艦の保有トン数に国別制限を設けようという議題に関しては、イタリアと同調して不同意を示したが、それ以外の項目には賛同した。

戦艦については、イギリスが今後の新造戦艦に関する規格を基準排水量二万五〇〇〇トン、主砲口径を三〇・五センチまで制限するという明確な目的を持って臨んだが、アメリカが拒否。しかしワシントン軍縮条約の有効期限、すなわち海軍休日を五年延ばして一九三六年一杯とする案は同意された。

また「比叡」を練習戦艦に艦種変更することに同意したように、英米日の三ヵ国が保有戦艦の一層の削減に応じている。しかし戦艦に話を絞るなら、フランスは一九二七年までには前ド級戦艦であるダントン級を自主的に廃艦とし、保有しているのはクールベ級とブルターニュ級、合計六隻のみであった。イタリアは一層過激で、ド級戦艦を四隻に絞り、うち一隻は練習戦艦としていた状況であった。

表はワシントン海軍軍縮条約でフランスに認められた戦艦代艦建造枠である。一九二七年と一九二九年の二回、合計七万トンの例外枠を除くと、一九三〇年の時点でクールベ級の一部の艦齢は一七年に達し、ブルターニュ級も一五年に差しかかってくる。近代化改修による性能向上や延命を考えるにしても、主機主缶の換装は不可欠で、更

海軍軍縮条約における仏海軍の戦艦建造割り当ての年次推移

年次	起工トン数	完成トン数	代替対象の既存艦（艦齢）	戦艦保有数（前ド級艦は除く）
1922-1926				7
1927	35,000t			7
1928				7
1929	35,000t			7
1930		35,000t	ジャン・バール（17）、クールベ（17）	5
1931	35,000t			5
1932	35,000t	35,000t	フランス（18）	4
1933	35,000t			4
1934		35,000t	パリ(20) ブルターニュ(20)	3
1935		35,000t	プロヴァンス（20）	1
1936		35,000t	ロレーヌ（20）	0
1937-				0

新を悩む状況にあった。

四月二二日に調印されたロンドン海軍軍縮条約は、フランスの戦艦建造計画にとって重い現実を顕在化させた。仮に翌年の一九三一年から建造を開始しても、完成は一九三五年以降となる。その年にはクールベ級は艦齢二五年が視野に入り、ブルターニュ級も二〇年が迫る。いずれも代艦対象であるが、それだけ仏海軍の戦艦は老朽化していたのだ。

そこでフランスではクールベ級の保有は限界と判断して、後方に下げて練習戦艦とすることにした。そしてブルターニュ級だけをエンジン換装を含むオーバーホールの対象とした。

このような見通しから、フランス海軍参

第二次改装後の戦艦「ブルターニュ」

謀本部では軍縮会議の議論を睨みながら、海軍休日が終わる一九三六年暮れまでに七万トン分の戦艦を建造するという方針を立て、海軍造船技術部に二種類の戦艦の基本設計を要求したのであった。

二万三三三三トン戦艦案の浮上

新型戦艦への要求仕様の一つは基準排水量を二万五〇〇〇トンとすることであった。イギリスがロンドンでの議題にあげた条約型戦艦の新仕様が国際合意を得た場合を考慮すると、会議と並行して、この数字を超える戦艦を計画していることは、フランスとしては政治的に都合が悪い。

これを踏まえて、仏海軍の本命案は二万三三三三トンの方であった。三倍すると六万九九九九

戦艦「プロヴァンス」(ブルターニュ級戦艦)
〔鉛筆画：菅野泰紀〕

九トンとなるように、一九二七年以降に認められている七万トンの例外建造枠の中で三隻建造する場合の上限を睨んだ仕様である。

だが、国内の状況が戦艦建造には不利に働いた。一九三〇年だけでも内閣が四度も変わる不安定な世情にあり、新型戦艦建造を推進できる環境ではなかったのだ。こうしてラヴァル政権で一応の安定を見るまでほぼ一年が無駄になった。年末にようやくアルベール・サロー海軍大臣の認可が得られたものの、この年には条約型戦艦の上限である三万五〇〇〇トンではなく、排水量が少ない戦艦を選択する理由を国会にも説明できるよう報告書の作成を要求された。この間、戦艦建造という重要な国策が、議会でコンセンサスを得ていなかった実態が、海軍の難しい立場を窺わせる。

この要求について、造船技術部と参謀本部は、三万五〇〇〇トン案は造船関連のインフラに相応の投資が必要で、現時点でのフランスには二五〇メートル級の戦艦を建造しても、整備補修用のドックが不足し、運用面に相当の不安と不備があると説明した。試案として四隻建造が可能となる一万七五〇〇トン級の場合には、防御面で戦艦と呼べる船にならず、その中間の二万三三三三トン案が要求に最もかなうと説明したのである。

ところで、この一連の折衝のなかでにわかに仏海軍が固執しだした二万三三三三トン案とは一体何なのだろうか？　その原因はドイツ海軍にあった。一九二九年二月にドイチェヴェルケ造船所で起工された一隻の船が、条約制限下にある欧州海軍各国を悩ませていたのである。

ドイツ海軍はヴェルサイユ講和条約によって排水量一万トン以上の軍艦の保有を禁じられていた。そのような環境下、一九二〇年代末に老朽艦の代艦建造が可能となったドイツ海軍は、二八・三センチ砲を三連装砲塔にして二基六門搭載、速力二六ノットと、重巡洋艦程度の装甲を持つ、新型軍艦の建造を開始したのである。

「装甲艦（パンツァー・シフ）」と呼ばれたドイツ海軍の新型軍艦は、設計が実に巧みであった。純粋に海戦を想定した場合、装甲艦の攻撃力は条約型巡洋艦を圧倒し、防御面では互角である。速力こそ既存の巡洋艦に劣るが、この装甲艦を沈めようと思えば、巡洋艦はその射程内に入らなければならない。二六ノットという速力も、既存戦艦の大半を上回るものであり、戦艦に対する戦闘の決定権を握っているのは装甲艦の側であった。

一万トンに制限しておけば、戦艦並みの砲を積んだ沿岸専用のモニター艦か、あるいは平凡な巡洋艦しか建造できず、基本的にドイツ海軍が脅威になることはない。これがヴェルサイユ条約締結時の戦勝国側の発想であった。ところが、ワシントン海軍軍縮条約によって戦艦と巡洋艦の間に設けられた主砲口径と船体サイズのギャップを、ドイツ海軍の装甲艦は巧みに突いたのである。

イギリス海軍を仮想敵とするなら、ドイツ海軍は通商破壊を試みるしかない。しかし装甲艦を確実に捕捉撃破できる船は、レナウン級が二隻と、「フッド」、合計三隻の巡洋戦艦のみであった。

ドイツ海軍には六隻の装甲艦の建造が認められているため、彼等が本気で通商破壊に出た場合、イギリスには絶対的に対抗手段が足りないのである。

フランス海軍の焦燥

イギリスの新聞が「ポケット戦艦」と言い得て妙なあだ名を付けた、ドイツの新型装甲艦の出現は、フランスも脅威を覚えた。実のところ、二万三三三三トン級戦艦はこのポケット戦艦を強く意識したものであり、フランス海軍上層部はまず二八センチ砲弾に耐える防御力を新型戦艦の必須条件としたのであった。

求められる諸元は表の通りであるが、主砲は一九二六年の一万七五〇〇トン案からの流用で、五五口径長の三〇五ミリ砲を四連装砲塔化して艦首側に集中配備する配置であった。副砲の一三〇ミリ砲を四連装砲塔にして三基を艦尾に集中配備するという

フランス海軍の新型戦艦の要求諸元

	2万3333トン案	2万6500トン案
全長	213m	215m
全幅	27.5m	30m
主砲	30.5cm/55口径	33cm/52口径
副砲	130mm	130mm
速力	30kt	29.5kt
装甲	230mm	250mm
水平装甲（弾庫）	130mm	140mm
水平装甲（機関室）	100mm	130mm

フランスの新型戦艦案は、ドイツのポケット戦艦や重巡を圧倒しつつ、戦艦を相手には速度で優勢に立つことで主導権を握ろうとする、巡洋戦艦的な性格がはっきりとあらわれていた。

のが新しく、全体のレイアウトはイギリスのネルソン級戦艦をさらにコンパクトにしたと説明できそうだ。

すでに起工しているポケット戦艦に対抗する必要から、海軍としてはすぐにでも建造開始を望んでいた。しかしロンドンでの軍縮会議に刺激された議会がにわかに新型戦艦に関心を持った結果、二万三三三三トン案の有効性に政治の側から疑義があがってしまったのである。

結果、一九三一年春の建造手続きは七月に延期され、その間に内閣を納得させるための新たな戦艦建造案を練り直す必要に迫られた。前年に検討していた二万五〇〇〇トン案を本命視しつつ、最大二万八〇〇〇トンまでの設計の拡張を認めたのである。付帯条件としては主砲の口径増大があった。政治を納得させるのにもっと

28cm砲を装備した装甲艦「ドイッチュラント」

も象徴的な部位であるからだ。
しかしここで疑問が生じる。二万三三三三トン案は例外枠の七万トンを有効に活用できる上限値として設定した数字であるはずだが、これを中途半端に増やすと例外枠の中で中型戦艦が二隻しか建造できないことになってしまう。
「ジャン・バール」と「クールベ」の代艦建造にともなう建造枠の増加を見こして、一〇万五〇〇〇トンで計算しても、二万八〇〇〇トンでは建造数自体は増やせないため、非常に不可解な数字である。これについては明確な説明はないが、海軍としてはこれ以上の遅延は避けて、一刻も早くポケット戦艦に対抗する新戦艦を建造したいという要求が優先したと見るのが、もっとも説明が付く。
造船技術部では、二万五〇〇〇トンなら主砲を四連装二基のままで三三〇ミリまで口径を増大できると試算した。しかし単なるスケールアップは各種装具の肥大を招くのは確実であるため、排水量に余裕をとって二万六五〇〇トン級とすることにしたのである。

この案は一九三二年初頭に認可され、同年四月末に造船技術部により最終仕様がまとめられた。

ダンケルク級戦艦の始動

後にダンケルク級戦艦としてまとまるフランスの新型戦艦の基本案は、全体的には二万三三三三トン案のスケールアップである。しかし主砲口径の増大にともない全幅が顕著に増えた結果、速度が微減している。

副砲は、艦尾の四連装三基に加え、連装砲が両舷側に各一基ずつ追加された。ただし艦尾副砲塔が装甲式の密閉型であるのに対して、舷側の副砲塔はスプリンター防御程度しか持てなかった。

装甲は順当に強化され、特に水平防御については厚さ四五ミリのスプリンター防御甲板も追加された。防御性能全般を見ると、ドイツ装甲艦の二八センチ砲や、イタリア旧式戦艦の三〇五ミリ砲の直撃に耐えられる構造であった。これが完成すれば、新鋭巡洋艦、駆逐艦をともなっての快速打撃艦隊を編制できるようになる。ブルターニュ級との役割分担によって、仏海軍も戦艦を主軸にした能動的な作戦の実施環境が整うだろう。

こうしてダンケルク級戦艦の一番艦「ダンケルク」が、一九三二年一〇月二六日にブレスト海軍工廠に発注された。しかしこれはゴールではなかった。すでにドイツ海軍のポケット戦艦は三番艦までが一九三二年のうちに起工される予定であったからだ。これに対抗するためにはダンケルク級二番艦の建造は焦眉の課題であった。

ところがダンケルク級の余波は別方面に飛び火した。イタリアの独裁者ムソリーニは、この新鋭中型戦艦の建造に危機感をあらわにして海軍に対抗策の具体化を命じたのである。

独裁者の意向を受けたイタリア海軍は、さっそく新戦艦の設計に取りかかった。彼らがダンケルク級への返答として突きつけてきたそれは、基準排水量の上限いっぱいとなる三万五〇〇〇トン、三八〇ミリ三連装砲塔を三基搭載した堂々たる戦艦であった。一九三四年一〇月のファシスト党記念日に明らかにされたイタリアの新型戦艦建造計画は、またもフランスを難しい建艦競争の中に突き落としたのである。

ポケット戦艦の衝撃と対応

ポケット戦艦を巡るドイツの真意

一九三二年一二月二四日、この日にフランス海軍がようやく建造に着手した戦艦「ダンケルク」はイタリアの独裁者ムソリーニとその海軍を大いに刺激した。彼等はフランスの新型戦艦を脅威と見なし、ついに七万トンの新規戦艦建造枠を使い切って、三万五〇〇〇トン級の超ド級戦艦、リットリオ級の建造に踏み切ることになる。

こうして仏伊両国の間では地中海の覇権をめぐり建艦競争が勃発したわけであるが、ここではまだ仏伊の関係には立ち入らず、ダンケルク級戦艦の建造の意義をドイツとの関係で詰めておきたい。

ドイツ海軍が一九二九年二月に起工し、一九三三年四月に完成させた装甲艦「ドイッチュラント」は、実にユニークな軍艦であった。

ドイツ海軍の主力艦はヴェルサイユ講和条約の規定で、基準排水量一万トン、主砲口径二八センチに制限されていた。ドイツ海軍を沿岸防御用の海防戦艦を建造するほ

装甲艦「アドミラル・グラーフ・シュペー」
〔鉛筆画：菅野泰紀〕

か選択肢がない状況に追い込もうとの意図が明確な制限であった。

ところがドイツ海軍は、ワシントン海軍軍縮条約で列強間に定められた、いわゆる条約型戦艦と条約型巡洋艦のギャップを突く形で、戦艦より速く、巡洋艦よりも強いドイッチュラント級装甲艦の開発に成功したのである。

この新型装甲艦は、第二次世界大戦で通商破壊に投入されて際だった働きを見せたこともあり、一般には理想的な通商破壊艦として評価されている。イギリスが付けた「ポケット戦艦」というあだ名とあいまって、制限された軍備の中で、イギリスに最も脅威を与えた船としても有名になった。

しかし、これは結果ありきの後付け評価であろう。当事者のドイツ海軍の意図や、建造当時の視点も加味しなければ、ドイッチュラント級の正確な評価は難しい。

第一次世界大戦は、植民地帝国のイギリスに対してドイツが世界の再分割を要求したという構図がエスカレートして始まった。かねてドイツはイギリスを屈服させる手段として海軍を重視し、「ドイツの将来は海上にあり」とする皇帝ヴィルヘルム二世のスローガンのもと大洋艦隊の建造に邁進した。この過程において、バルト海域圏の諸国家においてドイツの海軍力は圧倒的となり、バルト海はドイツの内海となった。

ところが第一次大戦の敗北によりポーランドが独立、東プロイセンはポーランド回廊によって分断されて、ケーニヒスベルクを中心とする飛び地になってしまう。ドイツ海軍のバルト海における優位も大きく後退し、この海域では対立要因が増えながら、海軍力においては空白状態になったため、戦前よりも不安定化していたのであった。

こうした状況下の一九二〇年代後半を通じ、ドイツの安全保障上の脅威は、第一に東に隣接するポーランド、次いでその支援国である西のフランスであった。ポーランドはロシア革命への介入にともなうポーランド＝ソビエト戦争を終えると、巡洋艦二隻、駆逐艦六隻を中核とする海軍の建設を表明していた。またポーランドとドイツが戦争になれば、フランスが艦隊を派遣して、ドイツ海軍を西から撃ち、北海との交通を遮断する動きをするのは確実であった。

ドイッチュラント級装甲艦の建造は、このような文脈から理解しなければならない。ヴェルサイユ条約締結時にドイツに保有が認められた主力艦は、前ド級戦艦であるブラウンシュヴァイク級とドイッチュラント級戦艦、各三隻ずつ計六隻であった。これは超ド級戦艦時代においては、外洋作戦能力のない、実質的な海防戦艦群に過ぎない。

新型装甲艦は、この前者の代艦として建造されるものであった。ヴェルサイユ条約の制限は、ドイツ海軍に外洋では役に立たない低速重装甲の海防戦艦を強いるものと予測されていた。しかしデンマークやスウェーデンなど中小国の海防戦艦を圧倒し、かつ少ない主力艦で東西の敵に同時に対処しなければならないドイツ海軍の立場では、受け身の艦隊編制で主導権を失うのは悪手である。

装甲を犠牲にしつつ、攻撃力と速度を重視した巡洋戦艦的な性格を持つドイッチュラント級に行き着くのは、ドイツ海軍の立場からは必然であったのである。

装甲艦へのフランス海軍の対応

ディーゼル機関の採用により長大な航続距離を得たドイッチュラント級装甲艦は、通商破壊戦に向いた艦ではあったが、それを主目的とした艦ではなかった。

そもそもドイツ海軍は第一次世界大戦を通じて水上打撃艦隊による通商破壊の限界を知っていた。

開戦劈頭からシュペー提督が指揮するドイツ東洋艦隊は南太平洋で神出鬼没の戦いを展開し、さらにインド洋東部では軽巡「エムデン」、大西洋では軽巡「カールスルーエ」がそれぞれ通商破壊戦で印象的な戦いを見せていた。

しかし、プロパガンダ効果は別として、いずれも開戦から半年持たずに排除され、戦略的なインパクトを及ぼすには力不足であった。確固たる補給と整備拠点を欠いた状態で、水上戦闘艦は長期間にわたって戦えないことを、ドイツ海軍は身を以て思い知らされていた。加えて海外拠点はほぼ全て失われているので、第一次大戦前より遥かに状況は悪いのだ。

それでも対英戦を重視するならば、通商破壊戦は有力な戦略的オプションとなり得る。しかし一九二〇年代後半の時点で、ドイツはイギリスと敵対できる状況ではなかった。それにも関わらず貴重な主力艦を対英戦でしか威力を発揮しない通商破壊艦として建造しなければならない理由はない。

目線をフランスに移した場合、ドイツの新型装甲艦はフランスとポーランドの分断を狙った船であるのは明白である。ポーランドを安全保障上の要と見なすフランスとしては、ドイッチュラント級装甲艦への有効な対処策を打ち出さねばならなかった。それが二万六五〇〇トンという中途半端な排水量で妥協してでも「ダンケルク」の建造を急いだ理由であった。

しかし独装甲艦に対抗すべくフランス海軍が建造したダンケルク級は、イタリアを刺激し、有力な高速戦艦であるリットリオ級を招来する結果となった。それも二隻を同時に建造するという、フランスのそれを超える計画である。

当然、地中海ではイタリアと対立関係にあるフランスでは、リットリオ級戦艦への対策も必要となる。これを受けて、海軍ではダンケルク級の二番艦（後の「ストラス

ダンケルク級戦艦「ストラスブール」

ブール」）は軍縮条約の制限いっぱいとなる三万五〇〇〇トン級で建造すべきという声が再燃した。

しかし、この場合は主砲をはじめ兵装の大半と主機主缶を新規開発しなければならない。それでも建造に踏み切るなら、再設計や造船所の確保などインフラ関係まで巻き込む見直しにより、最低でも一年半の遅延が見込まれる。結局、時間的な制約から、一九三四年六月の海軍最高会議では、ダンケルク級戦艦二番艦の改設計は装甲の強化のみにとどめ、とにかく完成を優先することとなった。同時に、海軍軍縮条約の失効を睨んで、三万五〇〇〇トン級の戦艦に関する研究を進めることとされた。

こうしてサン＝ナゼールのペノエ造船所にて、一九三四年一一月二五日にダンケルク級二番艦の「ストラスブール」が起工され、一九三八年一二月に完成した。

世界が注目したネルソン級戦艦

　ダンケルク級戦艦は軍縮条約が締結されてからフランスが建造する初の戦艦と言うこともあり、従来にはなかった新機軸が豊富に盛り込まれている。

　しかし、この戦艦よりも先に、イギリス海軍のネルソン級戦艦に触れておくべきだ

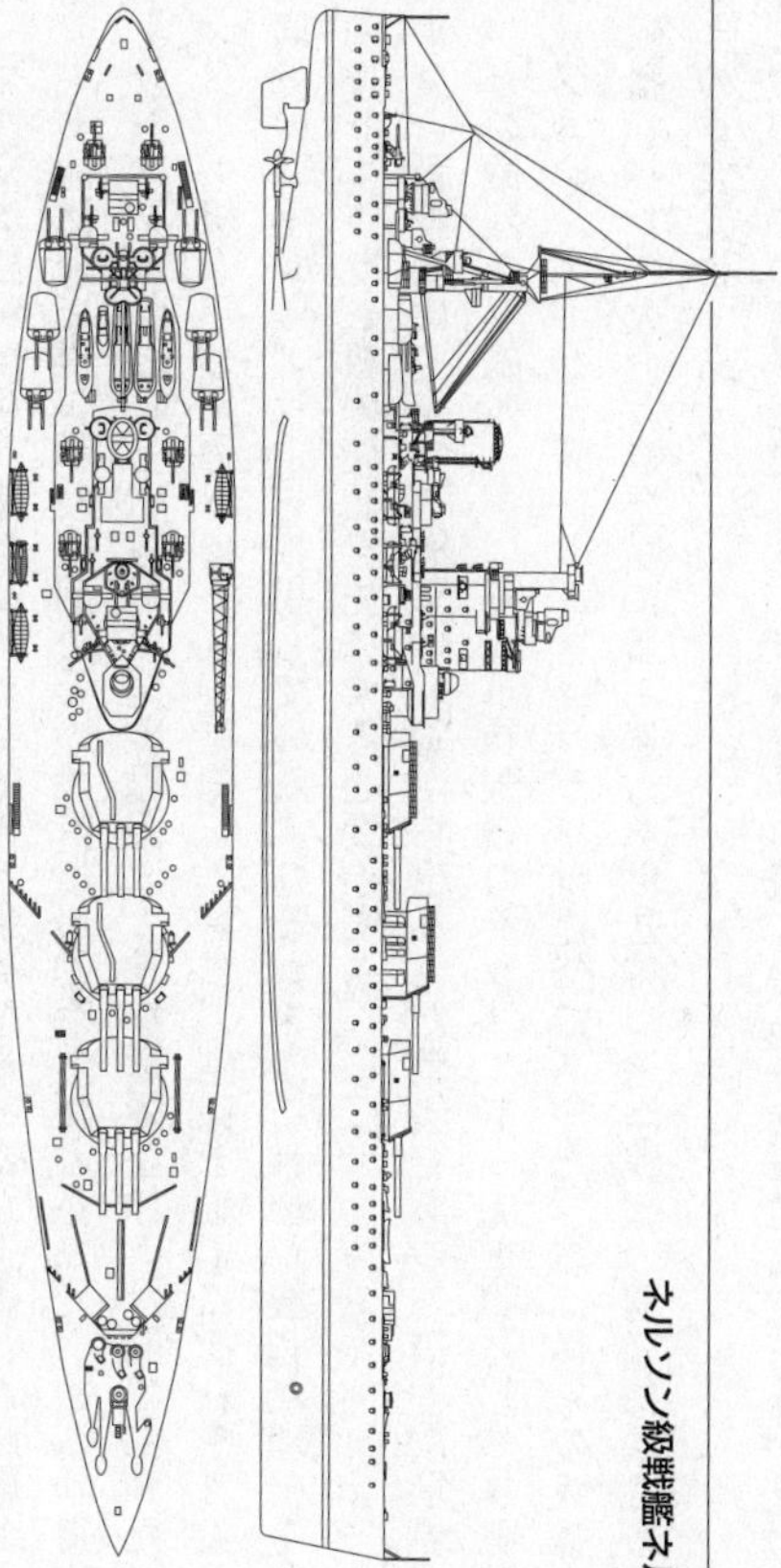

ネルソン級戦艦ネルソン

ろう。ネルソン級戦艦は、軍縮条約の締結後、世界で最初に建造された戦艦であり、ユトランド沖海戦で得られた戦訓をその設計に最初から盛り込んだ、いわゆるポスト・ユトランド型戦艦として、各国の建艦思想に大きな影響を与えた船であった。ダンケルク級もその影響下にあり、主砲を艦首に、副砲を艦尾にそれぞれ集中配備した同一の基本レイアウトを採用している。フランスがこれを踏襲した理由を探るには、やはりネルソン級の確認を先にする必要がある。

ネルソン級戦艦はイギリス海軍の反省から生まれた戦艦である。第一次世界大戦前、ドイツとの熾烈な建艦競争を、英海軍制服組のトップ、第一海軍卿としてリードしたのは、ジョン・アーバスノット・フィッシャー提督であった。彼は従来の戦艦に加えて、戦艦レベルの火力と巡洋艦に並ぶ速力を併せ持つ巡洋戦艦の開発に尽くした、海軍史上の重要人物である。

ところが、この巡洋戦艦はユトランド沖海戦でもろさを露呈し、三隻が失われるという意外な結末を見た。いずれの艦も被弾直後の、弾庫の誘爆とおぼしき轟沈である。戦艦の沈没は多数の命中弾による損害の蓄積――浸水量の増大によって生じるものという当時の常識的な基準からすると、巡洋戦艦に集中した損害は、到底、戦場における偶然性だけでは処理するわけにはいかなかった。

実際、同じ海戦ではドイツの巡洋戦艦「デアフリンガー」や「ザイドリッツ」も二〇発以上の直撃弾を受けて、滅多打ちにされている。しかしドイツ艦は防御にも十分な配慮がされていたため、「敵弾に当たらなければどうと言うことはない」という思想で快速性のみを追及したイギリスの巡洋戦艦とは根本的に違っていた。

この反省がイギリス海軍には強く残っていた。ネルソン級の設計を手がけたユースタス・ダインコート海軍造船局長は、「フッド」やレナウン級などの巡洋戦艦の設計に関わっていただけに、ユトランド沖海戦の結果から受けたショックは一層大きい。その反動がネルソン級戦艦の設計に、はっきりと反映されていたのである。

しかしネルソン級の場合、基準排水量三万五〇〇〇トンという、これまでの戦艦にはない制限があった（「フッド」は四万二六〇〇トン）。さらに日本の長門型、アメリカのコロラド級に対抗して、主砲を一六インチ（四〇センチ）砲にする必要もあった。

戦艦とは、詰まるところ自身の主砲の攻撃をバイタル（弾庫や機関室など致命的部位）が耐えられる構造の船と定義される。とするなら、従来より小型の船体に当時最強の主砲を搭載し、さらにその主砲弾に耐える装甲を持つという、非常に難しい設計を要するのがネルソン級である。

造船史上屈指の難題を課せられたダインコートは、主砲塔三基を艦首に集中配備す

ネルソン級戦艦「ロドニー」（後方に QE 級戦艦 2 隻）

る一方、機関部を船体後部に集中してバイタルの短縮を図った。そして主砲塔から後檣までのバイタルには一八度の傾斜がついた三五六ミリの装甲帯を配置し、これに蓋をする形の中甲板は一五九ミリの厚さの鋼鈑による防御甲板とした。

水中防御も、隔壁の外に海水、内側には重油を満たす形の間接防御が施され、さらにバルジまで設けて雷撃への備えとする、高い防御力を持っていた。

このように、当時最強の四〇センチ砲と重防御構造を得た結果、ネルソン級の設計では速力が犠牲にされた。二軸推進で最大二三ノットという速力は、いわゆるビッグ・セブン（四〇センチ級の主砲を持つ軍縮条約時代の戦艦で、長門型二隻、コロラド級三隻に、ネルソン級二隻を加えた七隻を総称するもの）の中でもっとも遅い。速度性能を防御力のファクターとした巡洋戦艦が机上の空論であった反省からスタートしたネルソン級とすれば、速度を犠牲とするのはやむを得ない。

ネームシップの「ネルソン」と二番艦「ロドニー」は、ともに一九二二年一二月末に起工されて、「ネルソン」が一九二七年九月に就役、「ロドニー」は同年一一月に就役した。

この二隻を目の当たりにした世界の海軍関係者は、異形の戦艦が意味するところを間もなく学び取ることとなり、その強い影響力に絡め取られた。まだ新型戦艦の仕様さえ固まらないまま一九二〇年代を終えたフランスが、一流海軍国としてキャッチアップするためには、ネルソン級は非常に重要な指標となる戦艦であった。

ダンケルク級戦艦のプロフィール

爆発力重視の徹甲弾を採用

ここまでダンケルク級の建造に影響を与えた、戦間期におけるドイツの新型装甲艦（ポケット戦艦）と、イギリスのネルソン級戦艦について触れた。これを踏まえて一九三二年一〇月二六日、ブレスト海軍工廠に発注された戦艦「ダンケルク」と姉妹艦

ドーヴァー海峡を東進するネルソン級戦艦
「ロドニー」（手前）及び「ネルソン」（奥）
〔鉛筆画：菅野泰紀〕

「ストラスブール」の概要を確認しよう。

ダンケルク級の特徴は、戦艦として世界初の四連装砲塔を採用したことにある。一見すると複雑な構造のようだが、幻の戦艦となったノルマンディー級の研究でかなり具体的になっていたこともあり、開発自体はさほど難航はしなかった。

これをネルソン級に倣って艦首に集中配備したことで、艦橋と前檣楼が艦の中央付近に座る外見となった。もっとも主砲塔の数を二基に抑えたため、ネルソン級のように艦橋が艦の後半部にずっしり乗るような極端な形にはなっていない。

この砲塔配置により、フランス戦艦としては初めて集中防御を採用できた。さらに四連装砲塔には重量軽減のメリットがある。砲塔は相応に大型化するものの、弾薬庫を守るための艦内の装甲バーベットも二基分に減らせるので、連装砲塔を四基にした場合より砲塔と関連構造の重量を約二八パーセントも軽減できた。この重量の余剰分を装甲にまわすことで、中型戦艦ながら強固な防御力を獲得できたのである。

ただし既述のとおり、四連装砲塔は、故障や戦闘損害によって一気に戦闘力を喪失する危険性がある。これをカバーする努力については後述する。

ダンケルク級が採用した主砲は一九三一年式五二口径三三〇ミリ砲と呼ばれるものである。フランス海軍では初めての口径の主砲であった。

この主砲の精密な設計図は失われているが、次級のリシュリュー級戦艦が搭載した三八〇ミリ主砲は、このダンケルク級の主砲をスケールアップしたものなので、構造は共通するところが多いとされる。

ダンケルク級の主砲及び副砲の仕様は別表にしたが、これまでの戦艦と異なるのは、砲弾が徹甲弾の一種類のみであるところだろう。

ダントン級が搭載していた三〇五ミリM1906砲は徹甲弾と炸薬量を増やした徹甲榴弾の二種類があり、クールベ級、ブルターニュ級と引き継がれていた。それがダンケルク級の三三〇ミリ砲弾から、被帽付き徹甲弾（APC）に統一されたのである。

この主砲弾は弾体内に約二〇キログラムの炸薬が充填されていた。炸薬はピクリン酸とジニトロフェノールの四：一の混合薬であるが、砲弾重量五七〇キロに対する炸薬の割合は三・六パーセントほどとなる。これは次級のリシュリュー級戦艦の主砲弾より約五割ほど大きな比率である。

炸薬量が増えれば、砲弾の破壊力は大きくなるが、反面、装甲への貫通力は低下する。新型戦艦としては決して大口径ではなく、砲弾重量も軽い「ダンケルク」が、さらに貫通力低下を招く砲弾を選択したのは奇異に見える。

これはあくまで傍証からの類推となるが、ドイッチュラント級装甲艦に対する火力

ダンケルク級戦艦の主砲／副砲諸元

	1931年式330ミリ主砲	1932年式130ミリ砲
	330㎜/52 M1931	130㎜/45 M1932
閉鎖機構	螺旋式	鎖詮式
砲身重量	70.5t	3.8t
装填方式	弾体装薬分離式	一体式
砲弾	1935年式被帽付徹甲弾（570㎏）	1933年式徹甲弾（33.4㎏）
	同上（染料付き）	1934年式榴弾（29.5㎏）
		1934年式星弾（30㎏）
砲口初速	870m/s	800m/s（徹甲弾）
		840m/s（榴弾）
射程	41,500m（35°）	30,800m（45°）
砲塔重量	1497t	200t
砲身間隔	1.69m/2.54m	0.55m/2.45m
装甲	330㎜-150㎜（ダンケルク）	135㎜-80㎜
	360㎜-160㎜（ストラスブール）	
装填角度	無制限	無制限
俯仰角	-5°/+35°	-10°/+75°
旋回速度（秒）	5°	12°
俯仰速度（秒）	6°	8°
発射速度（砲身ごと）	2発/分	12発/分

の優位を確保した上で、もとより他の条約型戦艦に対して貫通力で足りない部分は、砲弾の爆発力で補い、戦闘では敵艦の上構など非装甲部分を破壊して戦闘力を奪う効果を重視したものと見なせるだろう。実際、リシュリュー級では主砲弾の炸薬比率は低下し、貫通力重視となっている。

この砲弾の導入から間もなく、被帽内に染料ボックスとこれを炸裂させる信管を挿入した新式砲弾が採用された。弾着時の水柱や爆発煙を着色して、艦隊戦における個艦命中精度を確保するものである。

■ダンケルク級戦艦
1935年式330mm徹甲弾の構造

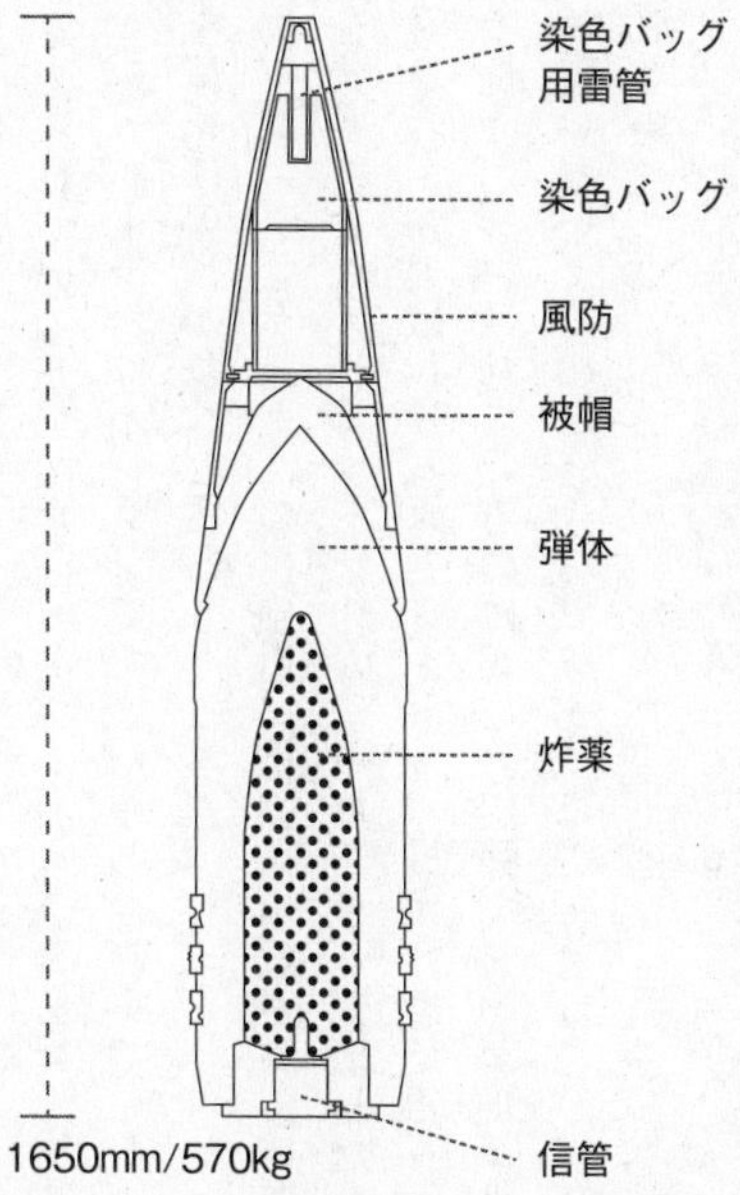

「ダンケルク」の完成から間もなく、被帽内に染料と散布用の炸薬を内蔵した新型砲弾が導入された

染料の色は各艦に固有のものであり、「ダンケルク」は赤、「ストラスブール」は緑であったと考えられているが、確証はない。この点、「リシュリュー」は黄色、その二番艦「ジャン・バール」はオレンジであったことは確実で、なにかとダンケルク級には基本的な情報に欠損が多くとまどうところだ。

書籍によっては「ダンケルク」の主砲用に榴弾も用意されていたという記述がある。ピクリン酸を発展させたメリニットを約六〇キログラム充填したもので、砲弾重量は五二二キログラム、初速は秒速八六五メートル、最大仰角で四万六〇〇メートルとかなり具体的な性能が詳説されているのに、この砲弾をダンケルク級戦艦が受領した形跡は見つかっていない。このことから試験まではこぎ着けたが、制式化はされなかったのかもしれない。

世界初となる四連装砲塔

ダンケルク級の最大の特徴である四連装砲塔は、サン＝シャモン社製で、主砲塔の重量は約一五〇〇トン、旋回速度は秒速六度、仰俯角も六度／秒で、射撃間隔は最速で二〇秒を発揮可能とされている。

砲仰角は最大三五度で、この時の射程は理論上、四万一五〇〇メートル前後であり、射程だけなら大和型のそれに匹敵する。

ただ、先述したように四連装砲塔は艦全体の軽量化と省スペースには寄与するものの、ダンケルク級の場合、一基使用不能になるだけで五〇パーセントの著しい戦力喪失となる。この危険性を緩和するために、砲塔内部は連装砲塔を並列配置したような構造になっていて、主砲塔の中央には装甲隔壁が設けられている。砲塔の中に砲室が二つある構造だ。揚弾機もそれぞれの砲室に用意されていて、左右二門ずつ割り当てられていた。弾薬庫は二層式になっていて一番砲塔用に四五六発（揚弾機ごとに二二

■ダンケルク級戦艦の砲配置

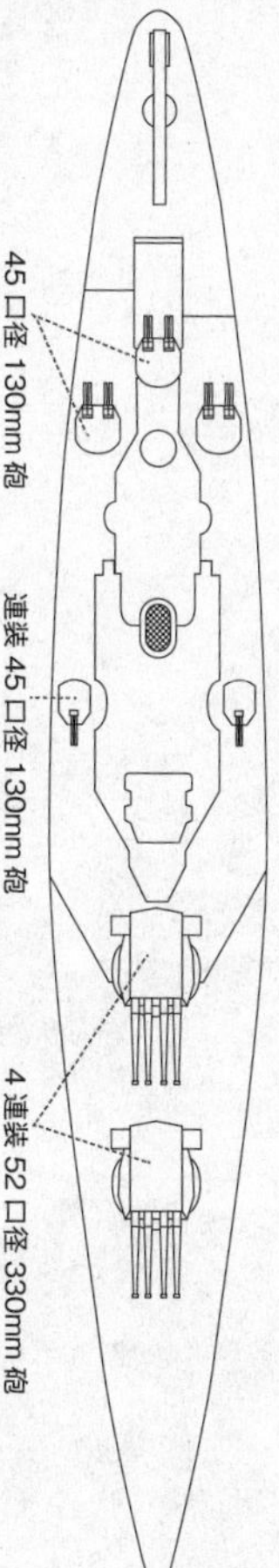

ネルソン級に類似した主砲配置であるが、主砲塔を四連装化して二基に抑えたため、装甲区画には余裕があった。舷側配置の副砲は連装式で前方をカバーしていた。

ダンケルク級戦艦「ダンケルク」(1937 年時)
〔鉛筆画：菅野泰紀〕

八発）、二番砲塔用に四四〇発（二二〇発）用意されていた。

いずれも砲塔の生残性を上げる努力ではある。しかし砲塔の損傷は多くの場面で旋回装置のトラブルと連動するので、実戦における効果のほどは疑わしい。

ブルターニュ級からの大きな進化は、砲弾の装填が固定式から仰俯角を問わず可能になったことだろう。ただし仰角を大きく取るほど、砲塔操作中に装填不良を起こしやすいとの報告があり、根本的な解決はできなかったようだ。結果として、装填作業はもっとも装填装置が安定して作動する仰角一五度での実施が推奨された。

ダンケルク級の副砲は四五口径の一三〇ミリ砲で、一六門搭載されている。砲塔配置は、艦尾に四連装式で三基一二門、また艦橋基部の両舷側やや後方に連装砲が各一基、合計四門配置されている。後部主砲塔を搭載しなかったことで生じたスペースに、後方への攻撃力不足を補う目的で一三〇ミリ砲が集中配備された形となる。

このサン＝シャモン製の四連装副砲は、重量軽減のための工夫として、砲は均等に並ばず、左右二門の間隔が約五〇センチとかなり狭くなり、逆に中央には二メートル以上の大きな隙間がとられている。そのため、外見的には主砲よりも連装砲を並列にしている基本構造が明確となっている。砲塔内は主砲同様の中央縦隔壁で左右が仕切られている。両舷側の連装砲には外見的特徴はないが、砲塔の装甲は二〇ミリと薄く、破片防御程度しか期待できない。

また副砲としては、フランス戦艦はもちろん、世界でも初となる実用レベルの両用砲で、仰角七五度に対応できた。砲弾は徹甲弾が三三・四キログラム、水平射撃時に砲口初速が秒速八〇〇メートルで、射程約二万メートル、最大仰角で重量二九・五キログラムの榴弾使用時に秒速八四〇メートルで高度一万二〇〇〇メートルまで撃ち出せた。

一分間あたりの射撃速度は最大一二発であったが、砲塔旋回速度が秒速一二度、俯仰調整が八度であるため、対空戦闘では心もとない性能である。

四連装砲塔群の真下に弾薬庫があり、六四〇〇発（一門当たり四〇〇発）の弾薬が用意されていた。このうち徹甲弾積載量は二〇〇〇発を標準としていた。この弾薬庫から舷側の連装砲とは約二三メートルの距離があったため、上部および下部装甲甲板の間に、砲弾輸送用の水平路が設けられていた。

進歩した射撃指揮装置

ブルターニュ級の建造から約二〇年の時間が空いたことで、光学面も大きく進歩している。特に「ダンケルク」建造に際しては、主砲と副砲を統合的に運用できる射撃指揮装置を最初から搭載している。

まず艦の目となる測距儀は、前部マストの司令塔の上に、一二メートル、六メートル、五メートルの三種類の光学式測距儀を搭載、また後部マストにも八メートルと六メートルの測距儀が用意されていた。このうち主砲に連動しているのは前部の一二メートルと後部の八メートルのものである。また砲側にもそれぞれ一二メートル級の測距儀が設けられていた。

前後マストの他の三つの測距儀はそれぞれ後部の四連装副砲塔に連動している他、砲側にはそれぞれ六メートルの測距儀があった。

もっとも高性能な一二メートル測距儀が前部マストの最上部に置かれないのは、重量バランスを優先した結果である。物理的な視界確保はもちろん、煙突の煤煙の影響が少なく、また直撃弾の可能性が低いマストトップは、測距にはうってつけであるが、一二メートル級の測距儀は関連部材や構造強化を含めると四〇トンもの重量となる。これを海面から三〇メートルもの高さに据えるのは、コストと安全面から懸念が多い。そこで上に行くほど軽量の測距儀を置くようにしたものであり、後部マストも同様に措置された。

また司令塔と艦橋には砲とは連動しない五メートルの測距儀が置かれ、一種の高性能望遠鏡として使用された。そのほか司令塔には夜間戦闘用の望遠鏡式測距儀が据えられていた。

測距儀が得た敵艦の位置や方位、速度などの情報は、装甲甲板下層の電算室に送られて一元的に管理される。砲術長は司令塔に居たが、副長がこの電算室に詰め、定数二四名の操作員を指揮していた。電算室には他に、航空機など測距範囲外からもたらされる情報を処理する装置もあった。電算機に代入された各種数値の計算はほぼ自動化されていて、少なくとも計算作業におけるヒューマンエラーは排除される仕組みとなっていた。

砲には射撃方位盤と連動した電気式補助動力が付いていて、目標に向かって照準を合わせられるようになっていた。しかし動作は不安定であり、またモーターの出力自体が砲の重さに対してアンダーパワーであった。その結果、最終的には手動で微調整しなければならず、実戦用としては課題を多く残したシステムであったとされる。

このようにダンケルク級戦艦は、未完成な部分は残しつつも最新技術を貪欲に取り入れていたことが分かるが、一方でレーダーの導入には備えておらず、監視所のネットワークが重視されていた設計であったのは、過渡期の戦艦としてはやむを得ないところであった。

ダンケルク級戦艦の防御構造

条約型戦艦の上限より八〇〇〇トン近くも小さな戦艦となったダンケルク級の設計には独特の工夫が施されている。

船体側面の主装甲ベルトは、公試航行時の状態を基準とすると、水線上の三・四一五メートル付近に上端があり、水線下は船体中央付近で最深の二・二四メートルに、後部副砲塔直下付近では水線下部が一・八四メートルになっていた。また一番主砲塔の基部付近の水線下も二メートルとやや少ないのは、艦首付近の重量バランスを考慮したものであろうか。

主装甲ベルトをはじめ、「ダンケルク」の装甲配置は別表の通りである。姉妹艦の「ストラスブール」とかなり数値が異なっているのは、建造時期に三年の開きがあることと、「ストラスブール」では装甲の強化のために約一〇〇〇トン分の排水量が増していることを反映している。また「ダンケルク」の装甲帯は上端から下端にかけて一一・五度傾斜しているが、「ストラスブール」ではわずかに傾斜が減って一一・三度となっている。ただし装甲配置の変更や新設までは確認できない。

主装甲ベルトの最厚部は二二五ミリで、建造時期が近いネルソン級戦艦の三五六ミりとは比較にならない。しかしドイッチュラント級装甲艦の六〇ミリは言わずもがな、妙高型重巡も一〇二ミリであることからすると、重巡クラスの主力艦艇は圧倒している。そもそもレナウン級は戦艦と言っても巡洋戦艦ベースであるため、一五二ミリしかない。これを見ても装甲面ではかなり努力した艦であることが分かる。

■ダンケルク級戦艦の装甲諸元

装甲配置

	ダンケルク	ストラスブール
垂直防御		
主装甲ベルト	225mm	283mm
前部バルクヘッド	210mm	228mm
後部主バルクヘッド	180mm	210mm
後部端バルクヘッド	150mm	150mm
水平防御		
主甲板（弾薬庫上）	125mm	〃
主甲板（機関室上）	115mm	〃
下甲板	50mm	40mm
軸上	100mm	〃
転舵上	150mm	〃
司令塔		
正面／側面	270mm	〃
背面	220mm	〃
上面	150mm /130mm	〃
連絡筒	160mm	〃
主砲塔		
正面	330mm	360mm
側面	250mm	〃
上面	150mm	160mm
背面	345mm /335mm	352mm /342mm
バーベット（主甲板上部）	310mm	340mm
バーベット（下部）	50mm	〃

装甲ベルトは上端で防御甲板である中甲板と接続し、下端は下甲

板とつながって箱形の集中防御区画を作っている。防御区画の前端および後端部を構成するバルクヘッド（横隔壁）は一八〇ミリ厚だが、後部の水線下部は八〇ミリしかない。ただしダンケルク級は中甲板の装甲部分が艦尾付近まで覆っていて、プロペラシャフトや転舵を上からの攻撃から守るようになっていた。さらにこの中甲板の後部端から艦底にかけての横隔壁は一五〇ミリ厚の装甲になっていて、推進部の防御がかなり配慮されていた。

優れていた水中防御構造

戦艦と言えども、上部構造の完全な防備は不可能であるが、前檣楼に包含されている司令塔は重装甲化されている。

司令塔は二層構造で、上層の前部は指揮所、後部は作戦室となっている。作戦室は、艦隊司令部が同乗している場合の在所となる。下層の前部は監視所で、後部は通信室である。

装甲配置は別表のとおりであるが、装甲以外の外壁は一〇ミリ厚の鋼鈑が基本で、正面および射撃指揮所からケーブルを通すメインマストは二〇ミリに強化されていた。

主砲塔の装甲は浸炭鋼鈑で、装甲板の継ぎ目は四〇ミリ厚のストラップで覆われた上からボルト止めされている。装甲の上部は三〇度とややきつめの傾斜が与えられているので、外見は亀の甲羅のような形状になっている。主砲塔の装甲が船体を守る装甲ベルトより厚い戦艦は珍しくないが、「ダンケルク」の場合は約五〇パーセントも厚く三三〇ミリまで強化されているのは、二基しかない主砲塔が戦闘時に戦力喪失する可能性を避ける仕組みだ。

ダンケルク級戦艦の防御構造でもっとも工夫が凝らされているのは、水中防御である。本級の船体構造はインターナル・アーマーになっていて、主装甲板の外側に船体を構成する二〇ミリの外板が設けられている。この外板と主装甲ベルトを含む船体主部の間には、最大厚さ一・五メートルの硬質ゴムが充填されていて、砲弾や魚雷命中時の衝撃を緩衝し、致命的な浸水被害を防ぐようになっていた。

船体構造の内部は重油タンクになっていて、これも防御構造を兼ねるほか、縦隔壁を兼ねた厚さ三〇ミリの高張力鋼製の魚雷隔壁と重油タンクの間は〇・七メートルの空間装甲になっていた。このような三重の防御構造によってバイタルへの浸水を防ぐように配慮されていたのである。さらに機関区画では電気コードやパイプ類を通す空間を作る縦隔壁を魚雷隔壁の内側に設けていた。

水線付近の浸水対策も入念で、下甲板が艦の外側に向かって下方に傾斜しているの

■ダンケルクの断面図（機関室付近）

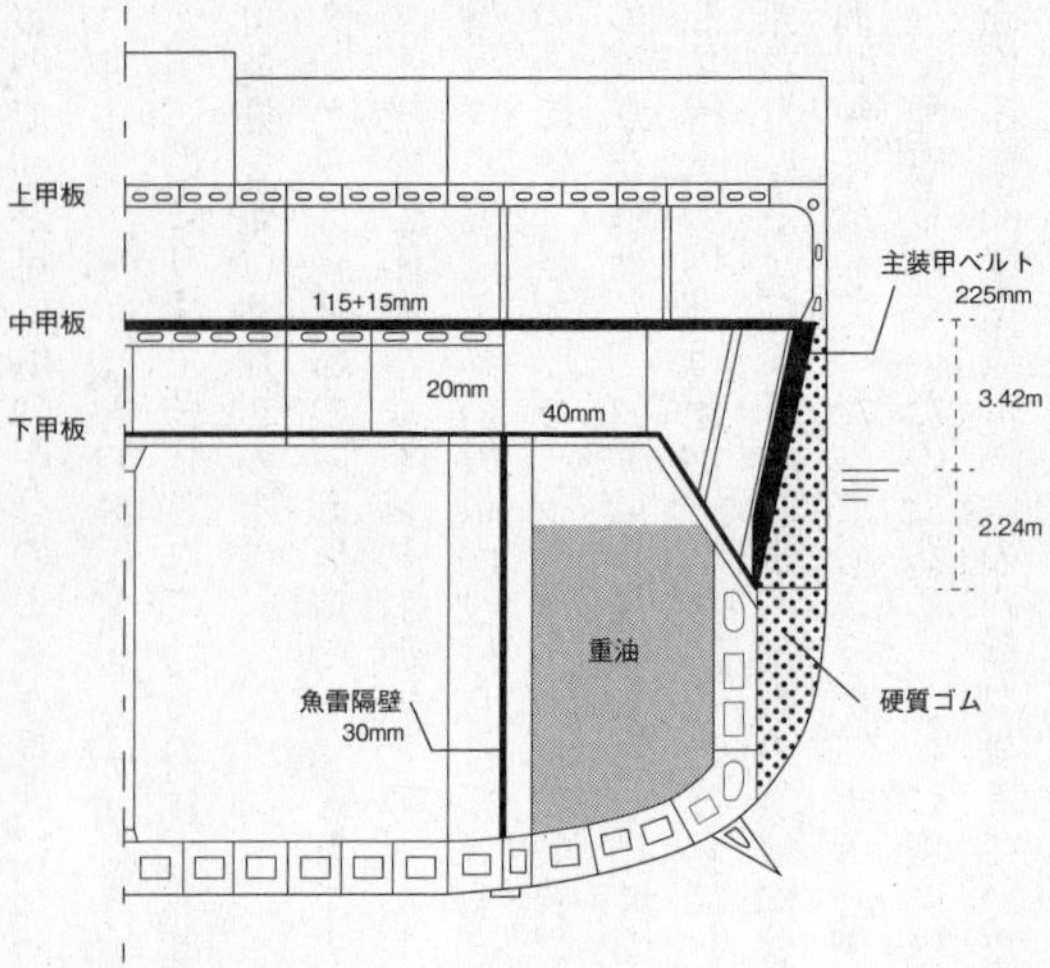

■ダンケルク級戦艦の監視塔

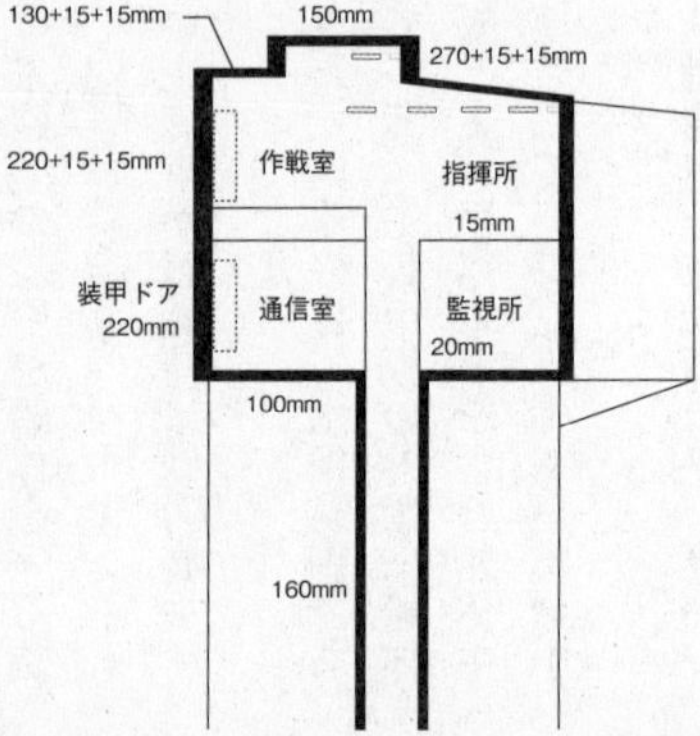

は他の戦艦でも一般的であるが、主装甲ベルトと並行に内側に二重の縦隔壁を設けることで、水線付近の浸水を局限化するようになっていた。

これらの水雷防御構造は艦底部まで深さ七・五メートルに達し、他国の戦艦が五メートル前後に集中しているのと比較して、ずっと入念であった。これは幻のノルマンディー級戦艦で採用予定であった構造をブラッシュアップしたものであり、「ダンケルク」の完成によって、フランスの超ド級戦艦建造は長年の研究成果の理想をようやく実現したことになる。

「ダンケルク」の船体の防御重量は一万一〇〇〇トンを超え、厳密には排水量の二七・二（「ストラスブール」は二八・二）パーセント、砲塔付近は八・一（「ストラスブール」は九・一）パーセントである。トータルで三六パーセントを超えることから、極めて防御重視の設計であったことが裏付けられるが、これも四連装砲塔採用による攻撃力の集約化の賜であろう。

三〇ノットを生み出す推進装置

戦艦としては小型の船体に充分な攻撃力と装甲を施したとなれば、速度は妥協しなければならない。実際、イギリスのネルソン級戦艦は速度面で大きく妥協している。

ところが、ダンケルク級は一九三〇年代における最新の高圧ボイラーと、軽量の蒸気タービンの組み合わせにより、速度を最大の武器とすることができた。「ダンケルク」には、フランス革命以前に起源を持つロワールの老舗造船所、インドレ社製の水管式ボイラーが六基搭載されている（「ストラスブール」はペノエ造船所がライセンス生産）。ボイラーは二基がペアになり、三つの缶室に格納されていた。缶室のうち艦首側の一つは前檣楼の真下にあり、残りの二室は煙突の真下にあった。ラトー式ギアード・タービンは四基で、これを二基のペアで前部と後部の機関室に分け、缶室と機関室を交互に配置するシフト配置としていた。缶室を分離配置するのはダントン級以来のフランス海軍の伝統であるが、それは艦の中央に主砲塔を置いた設計上の都合である。対してダンケルク級の場合は、缶室と機関室が前後でそれぞれ一つのユニットになっていて片方のユニットが破壊されても半分の推進力が残るようになっていた。設計の都合ではなく、生残性を重視した配置になっていたのである。

この時期の戦艦はネルソン級も含め、缶室と機関室をまとめて配置する設計が主流で、導煙路など艦内設計を考えればその方が効率が良い。しかし「ダンケルク」の場合、複雑な設計には目を瞑り、生残性向上も防御力の一種であると判断して、世界に先駆けて戦艦に缶室分離方式のシフト配置を採用したのであった。もっとも技術的には一九二八年に就役したデュケーヌ級重巡で実証済みであり、フランス海軍にとってはそれほどの冒険ではなかった。

「ダンケルク」の速度性能は、二軸推進時に一五・五ノットで、設計出力は一〇万七〇〇〇馬力で二九・五ノットであったが、公試では一三万五〇〇〇馬力を超え、速度は三一・〇六ノットを記録した。

燃料搭載量は満載六五〇〇トンであるが、作戦時は三七〇〇トンが推奨された。この重量以下の時に水中防御がもっとも機能するのに加え、満載状態だと雷撃などの衝撃圧が強くなり過ぎて、燃料タンクが水雷防御の意味をなさないためである。

この燃料三七〇〇トンを基準とすると、航続距離は二八・五ノットで四五〇〇キロメートル、二〇ノットで一万一六五〇キロとなる。満載状態であれば一五ノットで三万キロを超える航続距離性能があった。

転舵装置は一枚の平衡舵で二ヵ所のサーボモーターで駆動した。設計上は左右三二度まで旋回するが、二五度を超えると挙動の安定を欠くことが認められた。旋回速度は零度から二五度までが二〇秒で、モーター故障時の予備モーターを使用すると、速度一九ノットで一五度まで一分を要した。さらに電源の完全喪失時には、シャフトに直結した大型転舵装置があり、最大二四人でまわすことができたが、一五度の旋回に

ダンケルク級戦艦「ストラスブール」

三分以上の時間が必要であった。

建造時から設けられた航空艤装

洋上偵察および着弾観測における航空機の役割が急速に高まったことで、一九二〇年代を通じて各国海軍では大型艦での航空機運用の研究が進んだ。

フランス海軍もブルターニュ級の近代化改装で偵察機の運用を開始したが、「ダンケルク」の場合、建造時から航空機運用を考慮した設計になっていた。

「ダンケルク」の航空艤装は艦尾に集中し、副砲塔の基部が艦尾側に延長する形で整備工場を兼ねた二層式の航空機用ハンガーを構成していた。ハンガーから艦尾への首尾線上には回転式の長さ二二メートルのカタパルトが置かれ、揚収用クレーンも据えられていた。

もともとダンケルク級は乾舷甲板が高いので、カタパルト上の航空機は海面から九メートルの高さに置かれた形となり、作戦中の波浪の悪影響を避けられた。この点、一九二九年に英戦艦「フッド」も改修によって艦尾にカタパルトを設けたが、乾舷甲板が低くて波をかぶりやすく、主戦場の北大西洋ではほとんど運用できず三年後には撤去しているのと好対照である。

艦載機は二機のロワール一三〇型偵察機で、これは一九三三年にフランス海軍がカタパルト射出可能な水上機として要求した三座水偵である。大型の水偵であったが、主翼の折りたたみ機構により主力艦での洋上運用が可能であった。ただし、開発開始時期から分かるように、「ダンケルク」の就役時にはまだ完成しておらず、海軍の採用は一九三七年になってからであった。

最後に、艦の塗装について、ダンケルク級は上構の一部がスチールグレーであった以外、ライトグレーが基準で、煙突のファンネルとアンカー、鎖が黒で塗られていた。また測距儀は熱膨張による歪みを避けるために白で塗られていた。塗装にはごく普通であった。

一九三九年九月の第二次世界大戦の勃発直後、二隻はそれぞれメインマストを中心に黒い帯状のラインを使った螺旋パターンの迷彩が採用されたが、効果が無いことが分かるとすぐに元に戻された。そして一九四〇年初頭には北大西洋での作戦に備え、ダークグレーで塗り直されたが、フランス降伏後に生き残った「ストラスブール」は再びライトグレーに戻されている。

ダンケルク級戦艦の建造と試験

ダンケルク級戦艦のネームシップ「ダンケルク」は一九三二年一二月二四日にブレスト海軍工廠の第四ドックで起工された。進水は一九三五年一〇月二日であるが、造船ドックの大きさが足らず、「ダンケルク」は艦首部が一七メートル分未完のまま海に出され、ラニノンのドックに曳航されて、そこで完成作業を施されたのであった。

一九三六年四月一八日、「ダンケルク」は上構が未完成で、兵装の一部も搭載しない状態で最初の試験航海を実施。ラニノンと行き来をしながら、五月一五日からの公試で九万四一七〇軸馬力、二九・四三ノットを記録した。

一九三七年三月からは主砲をはじめとする兵装の試験が始まったが、そのさなかの五月にはイギリスを訪問。五月二〇日にポーツマスのスピアヘッドで実施されたジョージⅥ世戴冠記念観艦式に参列した。イギリス主催の国際観艦式とあって、列強が相応の軍艦を派遣してくる中で、最新の条約型戦艦として披露された「ダンケルク」は話題の中心となり、大いにフランス海軍の面目を施すこととなった。ちなみにこの時に日本が派遣したのが妙高型重巡の三番艦「足柄」であり、その剽悍な姿から「飢えた狼」と評されたという逸話は、我が国ではよく知られている。

就役は観艦式に先立つ五月一日であったが、戦力化にはまだ遠い状態で、大西洋戦隊を編成して部隊配備に就いたのは一九三八年九月一日であった。

二番艦「ストラスブール」の起工は「ダンケルク」から二年遅れての一九三四年一一月二五日で、サン＝ナゼールのペノエ造船所に発注された。この造船所の第一造船台は世界最大の客船「ノルマンディー号」の建造のためにフランス造船界が威信をかけて建造した巨大ドックであり、当時世界最大の三一三メートルの巨大客船の建造が可能であったことから、「ダンケルク」建造時のような面倒もなかった。

進水は一九三六年一二月一二日で、一九三八年から試験に入っていた。しかしヨーロッパ情勢がにわかにきな臭くなる中で、戦争に備えて急ピッチで完成作業が進められ、一九三九年四月二四日には部隊配備となり、「ダンケルク」の僚艦として第一戦闘戦隊を編成したのであった。

ダンケルク級からリシュリュー級へ

イタリア海軍の過激な反応

「ダンケルク」の建造がイタリアを刺激して、新型戦艦のリットリオ級の登場を導いたことは既述のとおりであるが、その子細を見ておこう。

第一次世界大戦後のイタリアは、戦勝国といっても得るところが少なく、ヨーロッパにおける地位は頭打ちの状況にあった。海軍においてはワシントン海軍軍縮条約でフランスと同等の地位に置かれたが、以降、対外的にはフランスを睨みながらも歩調を合わせ、新造艦については巡洋艦を中心に整備していた。

そのイタリア海軍は、当初、ダンケルク級建造計画に対抗する船としては排水量二万三〇〇〇トン、三八一ミリ（一五インチ）主砲搭載で二八〜二九ノット程度の中型戦艦三隻を計画していた。

しかし研究を詰めていくと、二万三〇〇〇トン級の戦艦では、計画速度で条約型巡洋艦に及ばず、航空艤装も不足していること。そして射角を広く取れる高角砲や対空

イタリア海軍のコンテ・ディ・カブール級戦艦「コンテ・ディ・カブール」(近代化改修前)

砲が不足していることが問題となった。イタリア海軍にとっては戦力としての価値が低い戦艦しか作れないのである。最大の問題は、連装砲塔三基、合計六門しかない主砲であった。主力艦同士の遠距離砲撃戦で、手数の少なさは致命的である。

そもそも、これまで巡洋艦隊の整備を先行させていたため、イタリアには財政的にも戦艦に手を出す余裕はなかった。しかし「ダンケルク」の性能が明らかになると、そう言ってはいられない。フランスの名目はドイツの装甲艦への対抗であったが、結果としてイタリアが整備していた巡洋艦隊の戦力的価値が激減してしまうからだ。

この現実により、イタリアの戦艦新造に弾みが付いた。まずコンテ・ディ・カブール級戦艦二隻の近代化改修が決まり、一九三三年から四年をかけて大幅に性能強化されることになった。しかしこれは一時的解決

コンテ・ディ・カブール級戦艦「コンテ・ディ・カブール」（手前）および「ジュリオ・チェザーレ」（奥）（1938年時）〔鉛筆画：菅野泰紀〕

戦艦ローマから望んだ戦艦「リットリオ」（手前）および「ヴィットリオ・ヴェネト」（奥）〔鉛筆画：菅野泰紀〕

にしかならない。ダンケルク級を火力で上回っても、あくまで応急的な戦力の整備であるため、自軍の巡洋艦隊が危機に晒されている事実は変わらないのだ。

なにより国内の安定化を果たし、膨張政策に転じつつあったイタリアの独裁者ムソリーニにとって、「我らの海」を標榜する地中海でフランスに均衡を破られることは政治的な失点となる。こうして軍縮条約保有枠を使って新型戦艦の建造が認められた。それがリットリオ級戦艦である。

一九三四年一〇月に起工したこの戦艦は、主砲三八一ミリ(一五インチ)、副砲が一五二ミリ三連装砲を四基、各種高角砲、各種対空砲を搭載して、主装甲帯は三五〇ミリ、速度は三〇ノットと、走攻守が極めて高いレベルでまとまった戦艦であった。

実際には排水量が四万トンを超えた条約違反の戦艦であったのだが、巡洋戦艦に匹敵する速度を発揮できる本格的戦艦、すなわち高速戦艦というカテゴリーを拓いた記念すべき艦である。

リットリオ級の脅威に備えて

リットリオ級建造に対するフランス海軍の反応は迅速であった。同級の詳細が明らかになると、二週間もしない一九三四年七月二四日には海軍最高会議が開かれて、リ

ットリオ級に対抗するための戦艦、後のリシュリュー級戦艦の仕様がまとめられたか
らだ。「ストラスブール」の発注から十日と経過していないタイミングである。

新型戦艦に対する要求：
基準排水量：三五〇〇〇トン
主砲：三八〇〜四〇六ミリ
砲門数：八〜九門
速度：二九・五〜三〇・五ノット
装甲：主装甲帯　三六〇ミリ
　主装甲甲板：一六〇ミリ
　下層装甲甲板：四〇ミリ
水中防御：ダンケルク級と同等

要求仕様としては極端なものはないが、問題は工期であった。海軍参謀本部では設計と工期短縮を優先し、新戦艦はダンケルク級を拡大する基本案を策定した。主砲は四〇六ミリ砲なら四連装二基、三八〇ミリ砲なら三連装三基で、副砲も四連装砲を四基以上というものだ。

これに対してSTCN（海軍造船技術部）は、四〇六ミリ砲は開発研究の目処が立

一九三四年の新型戦艦案諸元

共通

基準排水量	35,000トン
寸法	247m/33m
主砲	45口径380㎜砲
副砲	52口径130㎜砲
装甲	360㎜（主装甲帯） 160+40㎜（水平防御）

素案別の装備表

	第1案	第2案	第3案
主砲	4連装×2基	3連装×2基、連装×1基	4連装×1基、連装×2基
副砲	4連装×5基	4連装×5基	4連装×5基
出力	150,000SHP	110,000SHP	110,000SHP
速度	31.5kt	29.5kt	29.5kt
超過重量	350トン	550トン	450トン

	第4案	第5案	第5案改
主砲	3連装×3基	4連装×2基	4連装×2基
副砲	4連装×5基	4連装×3基	4連装×3基、連装×2基
出力	110,000SHP	150,000SHP	150,000SHP
速度	29.5kt	31.5kt	31.5kt
超過重量	1150トン	50トン	350トン

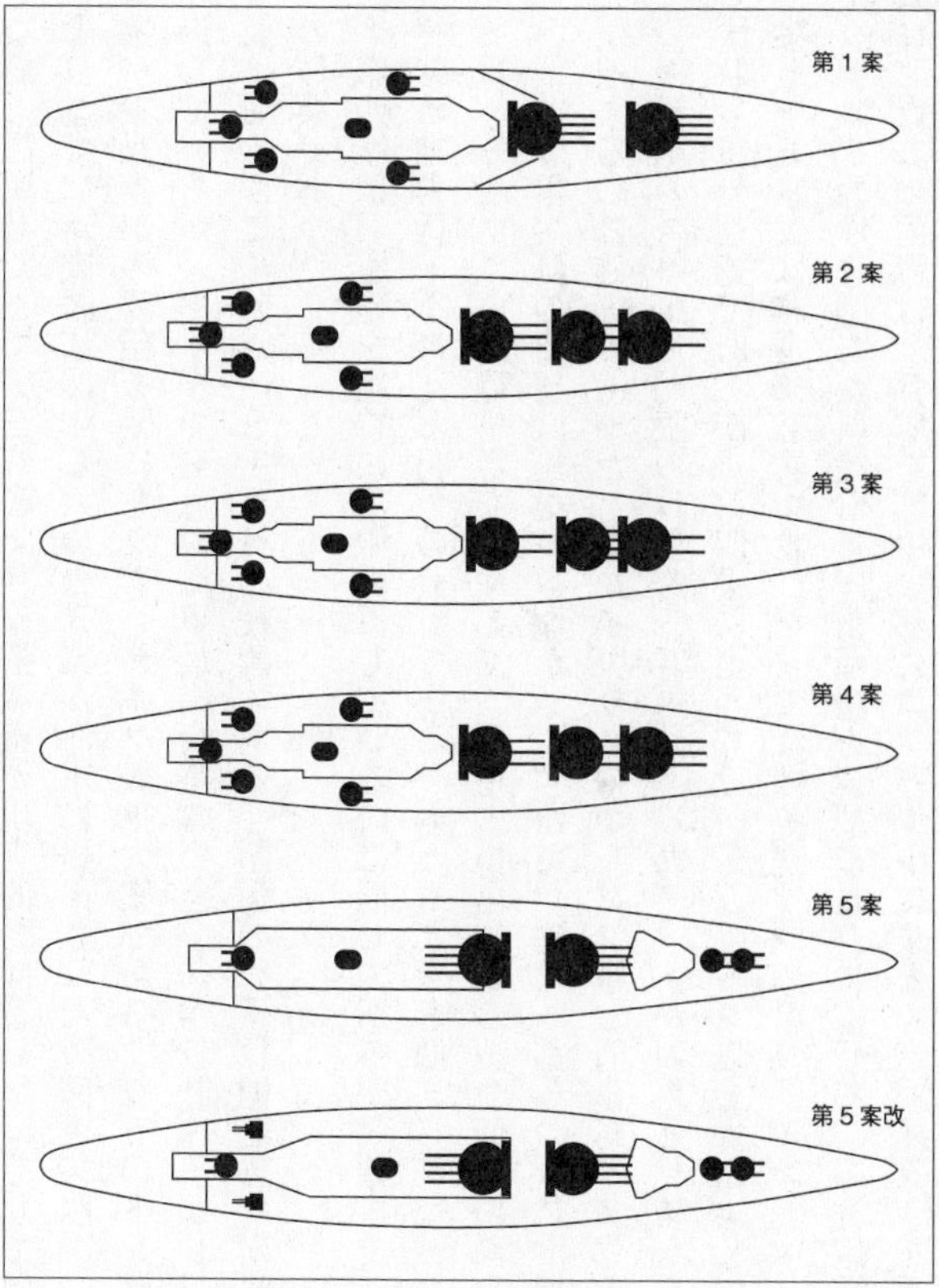
第１案
第２案
第３案
第４案
第５案
第５案改

っていないと説明した上で、三八〇ミリ砲搭載案が現実的と回答した。そして同年一一月二七日までに新戦艦に関する六つの素案が海軍に提出された(図表参照)。

第一案が参謀本部の要望を元にしたダンケルク級拡大案である。三五〇トンほど重量が超過しているが、あくまで七月の海軍最高会議の要望を基本設計に落とし、叩き台を提供するのがこの時点のＳＴＣＮの役割である。超過の修正は開発方針が決まってからの作業であった。

第二〜第四案は、主砲を艦首に集中配置しているのは同じであるが、砲塔を三基にして被弾時の戦力低下を抑える狙いの設計である。もともと数を揃えられないフランスとしては、一隻あたりの砲塔数を増やして、砲塔の損傷による戦力低下の割合を減らしたいという用兵側の要望は無視できなかった。ただ、砲塔一基分のコスト増加が予算を圧迫するのは確実であった。またイギリスのネルソン級と同じレイアウトになるので、機械室のスペースが限られ、一一万馬力、二九ノットが限界と見積もられた。またいずれも重量超過であるが、第四案に至っては一一五〇トン以上も超過していた。

第五案と第五案改は非常に奇異な設計だ。これはイタリア海軍のヴィンチェンツォ・デ・フェオ提督が提唱した新設計で、前檣楼を極端に艦首に寄せて、二番砲塔を背負い式にしたこの配置は、弾庫を艦中央部にコンパクトにまとめ、バイタルを重防御できるメリットであった。また対空砲、高角砲などの有効射界が広く取れるのも特徴だ。反面、首尾線方向に主砲の射界が通せず、舷側方向にしか火力が投射できない、まるで一九世紀の戦列艦の時代に逆戻りしたかのような戦艦であった。

海軍は第五案を即座に拒否し、砲塔一基の増加に対しての見返りが小さいとして第二案以降も落選となり、第一案が残った。この際に、もとは自らの決定であったが、副砲が一三〇ミリでは威力不足であることが懸念された。そこで駆逐艦や軽巡への抑止になる一五二ミリ砲に強化した上での改設計をSTCNに命じたのであった。

リシュリュー級戦艦の具体化

副砲を一三〇ミリから一五二ミリに強化する場合、ダンケルク級が採用していた四連装砲塔は不可能であり、三連装でまとめられた。

副砲塔のレイアウト案は二つあった。一つはダンケルク級のように艦尾に副砲三基を集中配備し、さらに、船体中央の舷側部に各一基、合計五基、一五門を配備するもの。もう一つは四基一二門にするもので、舷側砲の数は同じだが、艦尾の砲塔を二基に減らしていた。この場合、首尾線上に二基、背負い式にするのと、航空機用ハンガーを挟んで舷側寄りに一基ずつ置く二つのサブパターンも提示された。

しかし、いずれも重量オーバーが確実となったため、舷側砲を廃止して、三基九門をダンケルク級と同じ配置とすることで落ち着いた。そして副砲は対軽艦艇用とし、対空砲、高角砲の充実を図ることとした。

次の課題は機関部であった。主缶はダンケルク級より容積が小型で高温高圧を発揮可能なインドル＝スラ式重油専焼缶が採用された。加えて、新戦艦の船幅はダンケルク級より二メートル大きいので、缶室のレイアウト変更を工夫することで、缶室の数を一つ減らすことができた。その結果、バイタルを四・八五メートル短縮することが可能となり、艦全体の重量軽減に大きく貢献していた。

他に重量軽減策として、装甲帯の最大厚を三六〇ミリから三三〇ミリに減らし、代わりに傾斜角を約四度増やして一五・二四度にしたことで、同等の防御力を維持した。

対空兵装については、副砲の両用砲化を諦めた代わりに、五〇口径一〇センチ高角砲を連装化したものを、片舷三基、計六基一二門搭載。さらに高角砲を補うために、オチキス製五〇口径三七ミリ砲を連装砲架で四基八門搭載した。

当初、この三七ミリ砲は装甲室に入れる計画であったが、量産が一九四〇年までずれ込むことから装甲化は見送られた。

リシュリュー級のプロフィール

リシュリュー級戦艦と軍縮条約

リシュリュー級戦艦の最終案は一九三五年八月一四日に取りまとめられて、海軍大臣に認可された。ネームシップの「リシュリュー」の建造にはブレスト海軍工廠が割り当てられた。

このドックでは先に「ダンケルク」も建造されたが、ドックの全長が足りないために一七メートルほど寸が足りない状態で完成させたのは既述のとおりである。したがって、「ダンケルク」より三三メートルも全長が優る「リシュリュー」は、艦首の八メートルと、艦尾の四三メートル分をあとから足して建造された。

二番艦「ジャン・バール」の建造にはサン＝ナゼールのペノエ造船所が割り当てられ、一九三六年五月二七日に建造命令が出された。

ここで奇妙に見えるのが軍縮条約との兼ね合いである。ダンケルク級戦艦二隻を建造することで、フランスは建造上限の七万トンのうち五万三〇〇〇トンを使っている。

戦艦「シャルンホルスト」(1939年時)
〔鉛筆画：菅野泰紀〕

したがって三万五〇〇〇トンのリシュリュー級二隻の建造は条約の逸脱となる。

これは国際情勢の激変を反映していた。フランスは一九三〇年のロンドン海軍軍縮条約では、部分的参加に留まっていた。もっとも第二次ロンドン海軍軍縮条約にも批准国として参加しているので、主力艦の建造については条約を遵守すべき立場であった。

しかし一九三五年六月一八日に、フランスに相談せず、イギリスがドイツと二国間の海軍協定を結んでドイツ海軍の軍備増強を対英三五パーセントまで認めたことが、フランスの不信感に火を付けた。ドイツ、イタリアとの関係が悪化している現状下のイギリスの裏切りを前に、フランスには条約を遵守する意思も義務感もなくなったのである。

実際、ドイツ海軍では一九三五年六月から、排水量二万六〇〇〇トン、主砲に五四・五口径の二八センチ砲を三連装三基、九門も搭載したシャルンホルスト級戦艦二隻の建造を開始していた。明らかにダンケルク級を意識した高速戦艦である。

リシュリュー級の設計と特徴

リシュリュー級の設計は、基本的にダンケルク級戦艦を拡大発展させたものである。

主砲を艦首側集中配置の四連装砲塔二基としたことで、基本設計が同じになるのは当然だが、その主砲は三三〇ミリから三八〇ミリに大型化した。副砲も四連装から三連装となったものの、口径は一三〇ミリから一五二ミリに拡大している。

だが、艦の内部を見ると印象はかなり変わってくる。主缶の変更により艦内容積を抑えて、缶室を一つ減らせたことで、煙突の位置をダンケルク級よりも前方に動かせるようになっていたからだ。

この利点を目一杯に活かす形で、リシュリュー級では煙突を途中で四五度後方に屈曲させて、後部マストと一体化させる構造とした。この工夫で排煙を後方に流しやすくすると同時に、後部マストの防御構造を煙突と共有して煙路の構造強化を図れるようになった。アメリカの一九六〇年代のフリゲートで一般的になったマック構造を先取りした形状である。

煙突形状自体も、ダンケルク級では背が高い円筒型であったものが、リシュリュー級では角形を採用し、マストの外見と馴染むようになっている。マック構造により艦尾首尾線上の副砲の位置を艦の中央寄りに移せたので、艦のシルエットも目に見えてスマートになった。

こうして艦尾側に生まれた余裕は、航空艤装の強化に充てられた。まずダンケルク級では一基だったカタパルトは、左舷側を艦尾側に違えるオフセット配置にした上で、二基に増やすことができた。

航空機用のハンガーも拡張されて、上下二層式となる。下層は作業スペースであるが、上層に二機を格納するほか、状況によっては格納庫の天井末端に一機分の駐機スペースを取ることができた。カタパルトの発射台も使用するなら、最大五機の艦載機を配備できるようになっていたのである。

主砲と副砲の性能

リシュリュー級の主砲は一九三五年型四五口径三八〇ミリ砲で、ダンケルク級の主砲より五〇ミリほど大型化しているが、構造は同じだ。

徹甲弾の重量は八八四キログラムで、仰角三五度、砲口初速を八三〇メートル／秒で撃ち出した場合の射程は四万一五〇〇メートルとされる。ただしこれは理論値であり、実戦想定の最大射程は三万七八〇〇メートルとされた。

主砲弾の構造もダンケルク級の三三〇ミリ砲とほぼ同一で、炸薬量は二一・九キログラム、弾体重量に占める割合は二・五パーセントであった。風防内には着弾時の水柱を着色する染料袋が充填されていたのも同じであるが、「リシュリュー」は黄色、

リシュリュー級の砲諸元

	1935年型45口径380ミリ主砲	1930年型55口径152ミリ副砲
主砲諸元		
砲身重量	94.1t	7.8t
弾種	1936年型徹甲弾（884kg）	1931年型徹甲弾（56.0kg）
		1937年型徹甲弾（57.1kg）
		1936年型榴弾（54.7kg）*
		1937年型榴弾（49.3kg）
		1936年型照明弾（47kg）*
発射薬	SD21（4個288kg）	BM11（17.1kg）
		BM7（8.7kg）*砲弾用
砲口初速	830m/s	870m/s
最大射程	41,500m/35°（理論値）	26,500m（45°）
砲塔諸元		
名称	1935年型主砲塔	1936年型3連装砲塔
砲塔重量	2476t	228t
砲間隔	1.95m/2.95m	1.85m
装填方式	自由装填	自由装填
仰俯角	−5°～35°	−6.50/−8.10（VII）～90°
旋回速度	5°/s	12°/s
仰俯速度	5.5°/s	8°/s
砲撃速度	1.3～2.2rpm	5～6rpm

「ジャン・バール」は橙色であったらしい。あくまで色の名称なので実際の色彩は分からないが、同一戦隊を組むのが前提の同型艦で色の傾向が似ているのは観測上不都合ではないだろうか。

四連装砲塔の構造もダンケルク級と同じであるが、砲室を左右に分割している縦隔壁の厚みは四五ミリに増強された。主砲身は二門ずつ揺架に据えられていて、二門ずつ別目標を指向できるようになっていた。最大仰角は三五度、俯角は五度で、前級同様に自由角装填方式となっていた。砲塔の旋回や俯仰角調整、揚弾、装弾の動力は電力がメインで人力の補助を要した。

発射速度は一分あたり二・二発とされているが、これは自由装填方式の理想値であり、一・三発程度まで低下するとの解説も存在する。射撃距離二万メートルでの舷側装甲貫通能力は三九三ミリとされ、理論上は大和型戦艦以外の戦艦の舷側装甲はすべて貫通可能な威力を持つ。

副砲に関しては、一九三〇年型一五二ミリ砲を搭載した。これは仰角四五度で、五八・八キログラムの砲弾を最大二万七〇〇〇メートルまで射撃する能力があった。機雷敷設軽巡「エミール・ベルタン」が初めて搭載し、第二次世界大戦におけるフランスの主力軽巡となったラ・ガリソニエール級軽巡にも採用された砲である。

能力的に不足はない優秀な砲であったが、リシュリュー級の副砲として採用される際には、副砲の両用化が重視されていたため、最大仰角の不足が問題となった。装填角度が限定されていたことも当然ネックとなった。そこで砲塔の刷新が必要となり、一九三六年型三連装副砲塔が開発されたのであった。

この新砲塔は対空戦闘力向上のために、理論上は垂直の砲身にも装填可能な自由装填方式とされた。

しかし現実には一九三六年型副砲塔は対空砲としては旋回、仰俯角調整速度が不十分であった。加えて構造が複雑に過ぎて、仰角四五度以上での装填は困難であり、七五度を超えると確実に装弾不良を引き起こした。これは戦後の改修作業によって八五度まで安定させられたが、戦後の戦闘艦艇はもはや両用砲を必要としなくなっていた。

さらにイギリス製のタイプ二八五対空レーダーを導入することで、中、低高度の目標には効果的な対空砲となった。しかし後述するように、リシュリュー級は副砲への過度な期待をせず、艦中央両舷の副砲を撤去。代わりに実績充分で安定性にも優れた一九三一年型一〇〇ミリ高角砲に交換するという、実戦重視の賢明な判断をしたのである。

副砲弾をめぐる技術的発展

対空用途としては能力不十分の一九三六年型三連装副砲塔であったが、艦砲としては優秀で、軽巡搭載砲で使用する一九三一年型徹甲弾の他に、一九三六年型あるいは「K型装備」の名称で改良型徹甲弾が用意されていた。これは弾体の全長が八ミリほど増えて七二八ミリあり、重量も若干増したものであった。また対空用、対軽装甲艦艇用として榴弾も開発されていた。

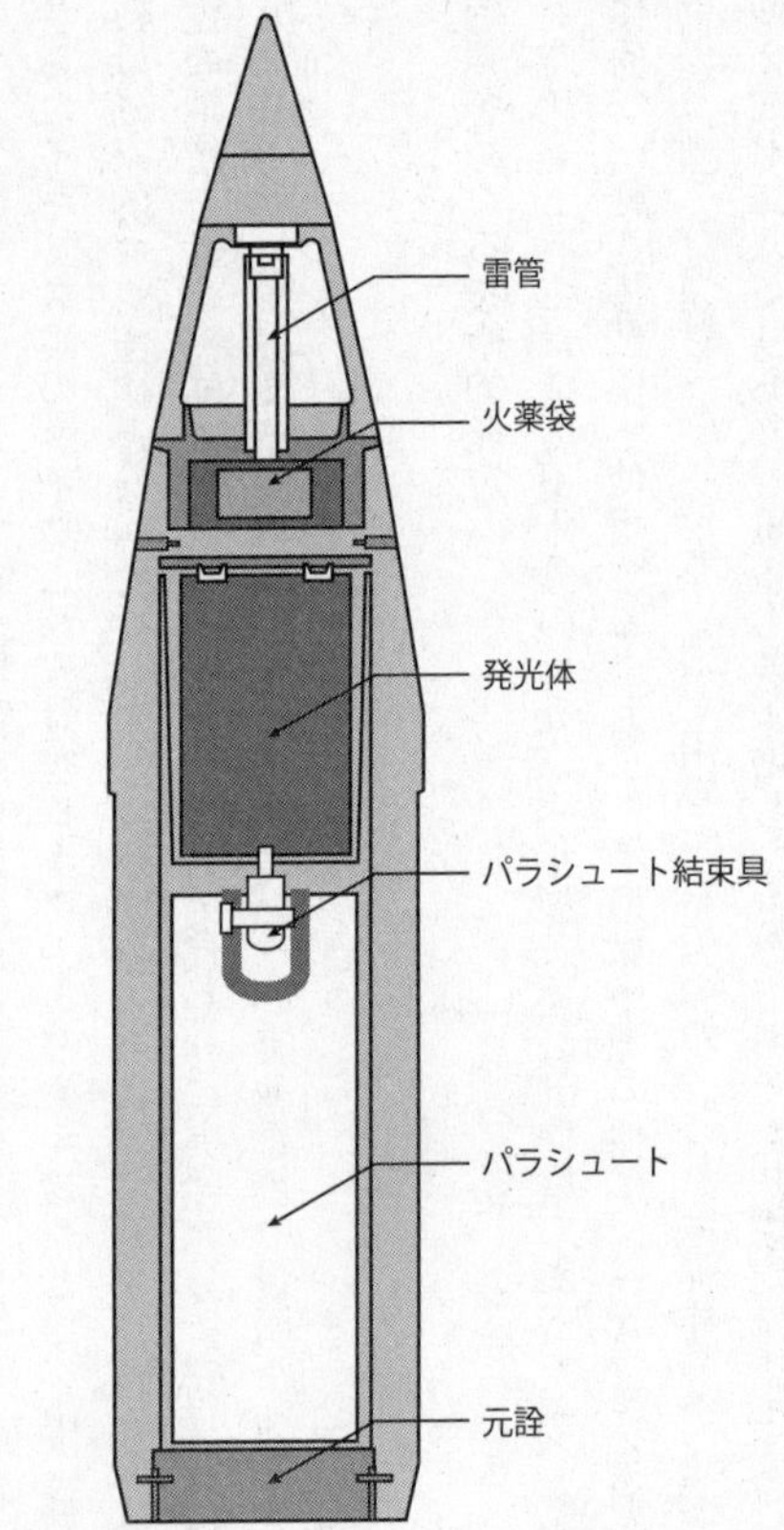

1936年型152㎜照明弾

砲弾に関するエピソードとして、照明弾にも触れておきたい。水上捜索レーダーの実用化以前には、照明弾が夜戦の必須装備であったわけだが、リシュリュー級の副砲用に新規開発されたのが一九三六年型照明弾であった。

外見および基本構造は榴弾とほとんど変わらないが、炸薬用のスペースに発光体とパラシュートが格納されていた。射撃されると、あらかじめ設定されていた時限信管が作動して、まず弾体内部の炸薬が発光体とパラシュートの格納部を押し出し、同時に導火薬が着火。これが発光体に引火して、パラシュートの降下中に照明弾の役割を果たす仕組みであった。

照明弾は船体中央の両舷副砲用に六五六発を用意する予定であった。一五二ミリ砲用の照明弾は射程の大きさや光量、滞空時間などで有利である。しかし用兵側としては副砲はあくまで戦闘用に砲弾をリザーブしたい意向であり、もっぱら照明弾は一〇〇ミリ高角砲のものを使用するものとされた。副砲用の照明弾の製造数や、リシュリュー級各艦の正確な搭載数などは不明である。

対空兵装と設計変更

リシュリュー級の近接防空兵装は、六〇口径の一九三五年型の三七ミリ連装機関砲であった。搭載予定数は六基で、うち二基は艦首部、主砲塔間の両舷側に、四基は艦尾側、煙突基部付近でシェルターデッキを挟むように左右二基ずつ配備する計画であ

リシュリュー級：計画時の砲および対空兵装配置

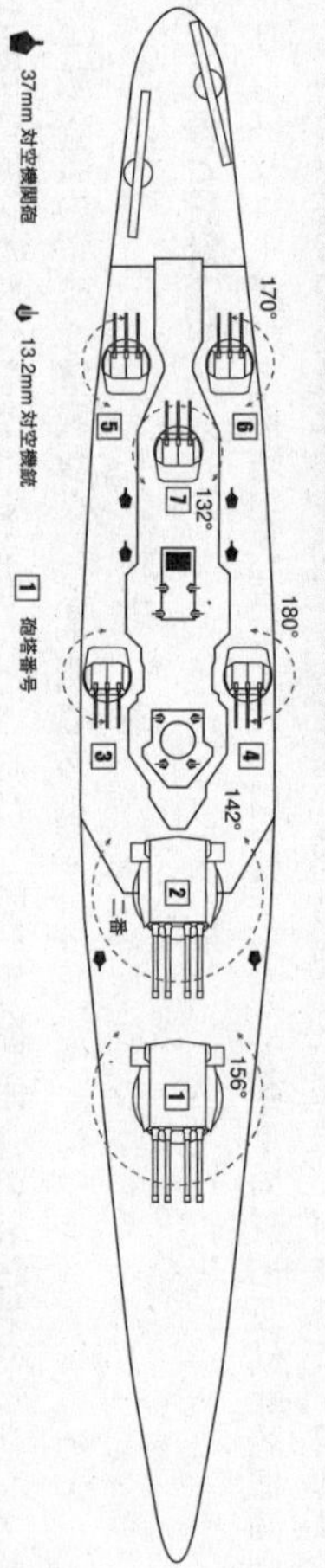

った。

砲座は密閉式であり、円形台座に据えられた砲座は電気旋回式ながら、俯仰調整は手動式とされた。給弾機構は砲座の下層から六発装填の弾倉がホイストを介して上がってくる仕組みとなっていた。

しかし肝心の砲座の開発と量産が遅延したため、船体の完成までに砲座の量産が間に合わないことが建造開始時から分かっていた。そこで建造時に兵装が足りないという最悪の事態を避けるために、対空兵装の配置が大幅に変更された。具体的には艦中央の両舷側、すなわち三番、四番副砲の設置を諦めて、代わりに四五口径の一九三〇年型一〇〇ミリ連装高角砲を三基ずつ追加するというものであった。

この高角砲は重巡洋艦「アルジェリー」が搭載していたのと同一の砲で、一四・二キログラムの炸裂弾を最大仰角八〇度で約一万メートルまで撃ち出せる能力があった。一応は重量一三・五キロの徹甲弾もあったが、対艦攻撃はもっぱら副砲に期待されていたので、弾薬に占める徹甲弾の割合は一割とされていた。

「リシュリュー」への搭載に際しては、副砲用の台座やバーベットの構造が残されていたので、弾庫もこれを流用したものとなった。一〇〇ミリ砲への自動給弾などはできなかったので、即応弾用のロッカーが各砲の付近に追加された。

また、建造時に搭載された三七ミリ対空機関砲は、途中、ダンケルク級の改装に併せて、セミオートマチック式の一九三三年型対空連装機関砲に変更されることとなった。しかしドイツ軍の侵攻にともない、一九四〇年六月中旬にブレストを出て北アフリカに向かう時点では、六基のうち艦尾側の四基しか間に合わず、密閉砲塔ではなく防弾鋼板が据えられた露天状態であった。

さらに対空火力を補強するために、オチキス製の一三・二ミリ四連装機銃を前部および後部マストに四基ずつ積み増ししていた。

また二番艦の「ジャン・バール」については、ドイツ軍の侵攻時には、まだペノエ造船所で進水したばかりで戦力化には遠かった。したがって空襲への自衛として使えそうな対空機銃を片端から仮設して凌ぐこととなった。

これは建造計画書や設計図にない応急増強であり、台座を船体各所に強引にボルト止めしていただけのものであった。

重装甲を誇るリシュリュー級

リシュリュー級の防御構造は、基本的にダンケルク級から大きく変わらない。ただし戦艦である以上、自身の主砲である四五口径三八一ミリ砲の直撃には耐えなければならないため、バイタルの装甲は物理的に強化されている。

また、ダンケルク級が集中防御方式に寄りすぎていたのに対して、艦首部の下甲板の下層に厚さ四〇ミリの装甲甲板を追加したのは、リシュリュー級の大きな進化であった。航空機の爆弾や大角度から落下する主砲弾を食い止める効果は大きく、浸水を局限させるほか、船体構造全体を強く保つ効果が期待されたのである。

表は前級二番艦「ストラスブール」との装甲比較であるが、主要装甲部は一番砲塔から艦尾の副砲塔群を覆う形になり、舷側の主装甲帯には約一五度の傾斜が与えられていて、最大厚が三三〇ミリ、艦底部が一七七ミリとなっていた。

また目に見えて強化されているのが、前部の横隔壁で、前級の二二八ミリに対して、リシュリュー級では最大厚が三五五ミリと、船体ではもっとも強化された部位となっている。後部隔壁の最大厚は二三三ミリでそれほど変わらないものの、横隔壁が舷側と接続する部分まで拡張されて、一六五ミリの隔壁になっていた。つまり前級と比較して、リシュリュー級では艦の前後からの攻撃に対する船体の防御力が格段に向上し

リシュリューとストラスブールの装甲比較

	リシュリュー	ストラスブール
垂直防御		
主装甲帯	330㎜	283㎜
前部横隔壁	355㎜	228㎜
後部横隔壁(下甲板上部)	233㎜	210㎜
艦尾横隔壁	150㎜	150㎜
水平防御		
主甲板(弾薬庫上部)	170㎜	125㎜
主甲板(機関室上部)	150㎜	115㎜
下甲板	40/50㎜	40/50㎜
シャフト上部	100㎜	100㎜
推進部上部	150㎜	150㎜
司令塔		
正面／側面	340㎜	270㎜
背面	280㎜	220㎜
天板	170㎜	150/130㎜
連絡筒	160㎜	160㎜
主砲塔		
前盾	430㎜	360㎜
側盾	300㎜	250㎜
天蓋	170/195㎜	160㎜
後盾	270㎜(一番)	352㎜(一番)
	260㎜(二番)	342㎜(二番)
バーベット(主甲板上)	405㎜	340㎜
バーベット(主甲板下)	80㎜	50㎜
副砲塔		
前盾	130㎜	135㎜
側盾	70㎜	90㎜
天蓋	70㎜	90㎜
後盾	60㎜	80㎜
バーベット	100㎜	120㎜

ていた。また主要装甲部の内側は、多くの場所で一八ミリの鋼鈑が内張りされていた。司令塔の装甲も前面と側面が前級から七〇ミリも厚い三四〇ミリに強化されている。もっとも連絡筒が一六〇ミリで変わらないのは、艦橋構造物や上構がある程度の装甲の代わりになることや、敵弾命中の可能性の低さと重量軽減を天秤にかけた結果であろう。

司令塔への交通には、連絡筒の他に前檣楼と接続する後部右舷側のハッチも使われるが、このハッチは二八〇ミリもの厚みがあり、機密性も保持できるようになっていた。また司令塔内には七ヵ所の監視孔があり、それぞれが防弾ガラスで保護され、塔内の気密が保たれていた。

前檣楼全体も厚さ一〇ミリの特殊鋼鈑ですっぽり覆われていて、前檣楼トップの射撃指揮所とその周辺は二〇ミリの装甲に強化されていた。

主砲塔の外見は亀甲状になっていて、当然ながら、艦においてもっとも厳重な防御が施されていた。砲塔正面の防楯は四三〇ミリで三〇度の傾斜が与えられ、側面も垂直ながら三〇〇ミリもの厚さがあった。また天板も前部の傾斜部分は一九五ミリ、後部の水平部分は一七〇ミリ、また後盾は一番砲塔が二七〇ミリ、二番砲塔はやや薄く二六〇ミリとなっていた。砲室の床は厚さ五〇ミリの特殊鋼で保護されていたほか、

■リシュリューの断面図（機関室付近）

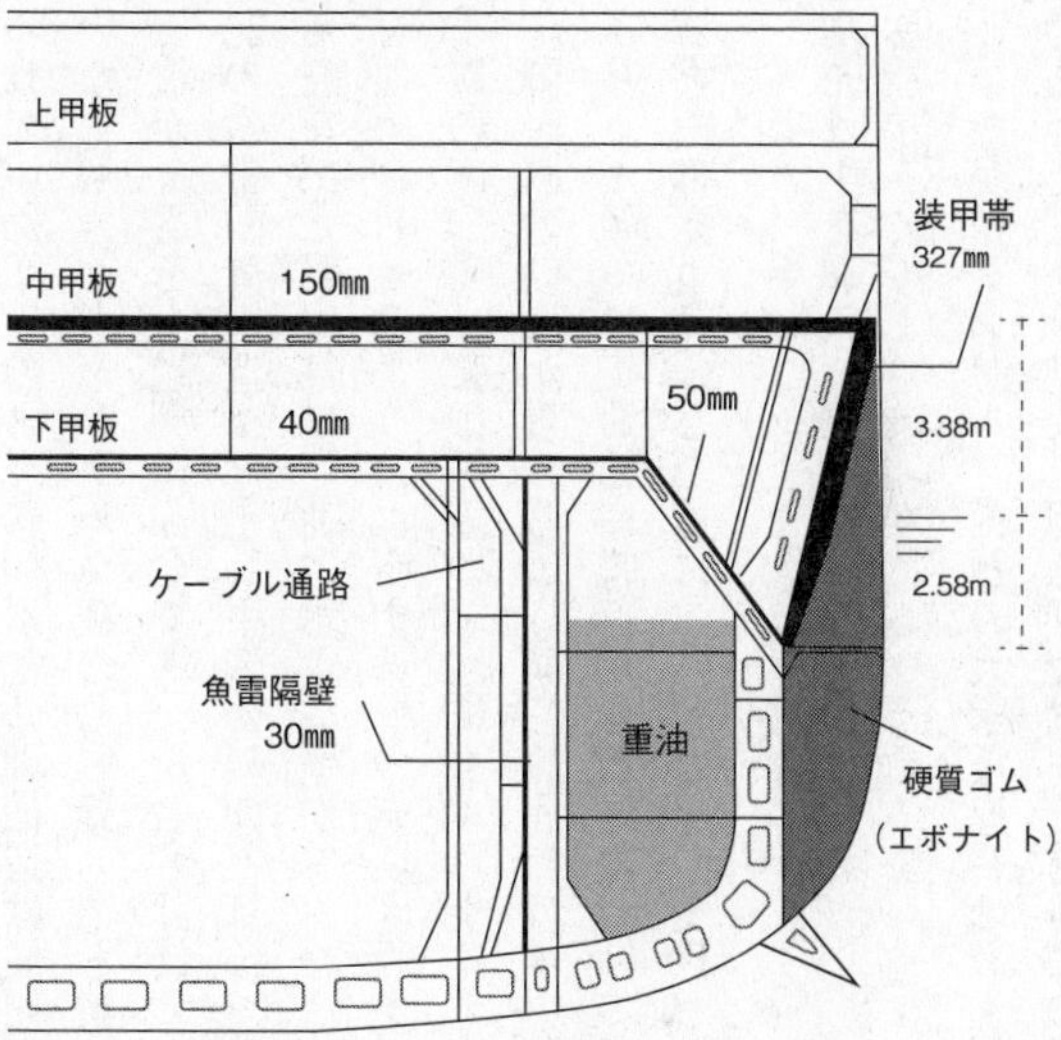

バーベットは四〇五ミリもの厚さで主甲板まで通じており、一四メートル測距儀も一一五ミリの装甲で守られていた。

水中防御も、基本的な仕様はダンケルク級と変わらないが、大型化した分、特に水雷防御が強化されていた。主装甲帯の外側には最大厚さ一・五メートルの硬質ゴム（エボナイト樹脂）が充填されていて、魚雷命中時の衝撃を吸収、分散するようになっていた。

さらに内部に向かっての水線防御は、約一メートルの空間装甲を設けて一八ミリの隔壁で塞がれ、約三・四メートルの重油タンクを挟み、空間と一〇ミリ厚の水雷隔壁が設けられていた。このように、水雷防御構造は舷側から約七メートルの深さにまで達していた。もっともダンケルク級の七・五メートルに比較すれば低下しているが、前級の配置がそもそも過剰に入念であったとも評価できる。

上記の水雷防御構造は、主装甲帯の範囲とほぼ一致している。そして主装甲帯から外れる艦首部と艦尾部は、逆に水雷隔壁が厚みを増すようになっていて、燃料タンクの分を埋め合わせるようにエボナイトの充填区画が延びていた。特に艦首側では、下甲板下層の四〇ミリ装甲鋼鈑の下層にもエボナイト充填区画がある。ダンケルク級が集中防御区画の効果が重ねるよう同じ範囲での水中防御を強化していたのに対して、リシュリュー級では実質的に艦首から艦尾にかけて可能な限り全体で水雷防御を高め、浸水被害を抑えようとした点に、防御思想の変化が見て取れる。

新型ボイラーを導入した推進部

主機主缶の配置はフランス戦艦の伝統に倣い、缶とタービン室を交互に置くシフト配置としたが、ダンケルク級との大きな違いは、主缶にスラル式ボイラーを採用したことであった。従来型を上回る燃焼効率を誇るこの過給高圧燃焼式のボイラーは、ドラム缶を横倒しにして、その上下に蒸気ドラムを取り付けた形状となっていて、横幅が狭くてコンパクトであるため、配置についても省スペースを追求できた。そのため、ダンケルク級と同じく六基のボイラーを積載し、どちらも主缶室は二つであるが、「ダンケルク」では前部主缶室に二基、後部主缶室を大型にして四基詰め込んでいたのに対して、「リシュリュー」では一室に三基配置できたのである。結果として、リシュリュー級では主缶室をかなりコンパクトにできたのである。

スラル式ボイラーの蒸気温度は三五〇度で、二七キログラム／平方センチの出力が可能であった。一時間あたりに排出する蒸気の重量は六基で二〇トンにも達した。「リシュリュー」が搭載したボイラーはインドル社製であったが、「ジャン・バール」については、ペノエ造船所とロワール造船所でそれぞれ三基ずつライセンス生産されたものを搭載することとなった。タービンは四基、プロペラは四枚羽根で直径は四・八八メートルであった。

タービンはパーソンズ式で、高圧タービンと中圧タービン、それに前進および後進用の低圧タービンが減速ギアに接続している構造であった。この機関により、リシュリュー級の推進力は一五万五〇〇〇馬力で三二ノットに設定されていたが、短時間なら一七万五〇〇〇馬力が認められ、公試においては一七万九〇〇〇馬力で三二・六三ノットを記録している。

燃料搭載量については設定が細かく、平時は最大五八六六トンで航行するが、戦時には水中防御が最も効果を発揮するタイミングを延ばすために、四五〇〇トンに制限された。また航続距離は二〇ノットで八二五〇海里、また現実的ではない運用だが三〇ノットで三四五〇海里となっていた。

ここまでフランス戦艦建造史を見てきたように、全体的なレイアウトは斬新に見えるフランス戦艦も、個々の技術を見ると保守的な思想から発したものが多い。しかしスラル式ボイラーは高性能である反面、構造が複雑過ぎるため、主力艦に採用するのを危険視する声も大きかった。しかし設計上のメリットは魅力的であり、また建造期間に悪影響を与えるわけでもなかったので採用に踏み切られたのであった。実際、リシュリュー級は就役直後を除けば、機関系のトラブルに悩むことは少なく、スラル式ボイラーの採用は正解であった。

舵は二基の専用電気モーターで駆動し、司令塔、二番砲塔、そして舵そのものの動力コンパートメントの三ヵ所から操作できた。舵は中心軸から左右三〇度まで駆動する構造で、左右どちらか全開まで稼働するのに一五秒を要した。しかしこれが緊急用の予備モーターだと旋回は二〇度に制限され、時間も一分必要な上、艦の速度は二〇ノットに抑えなければならなかった。また緊急用モーターへの切り替えにも三〇秒を要した。

さらに緊急モーターも使用不可となると、シャフトに直結した六軸の巨大転舵を最大二四人の人力でまわすことになる。しかし実際にこの方法を試したところ速度一六ノット、一七人での操舵がもっとも効率が良かったとされている。

発電にはタービン発電機が使われる。発電機は後部エンジンルームの艦尾側に隣接する電源室と、前部エンジンルームのタービンの内側スペースにそれぞれ二基ずつ、合計四基が置かれ、各々が一五〇〇キロワット、合計六〇〇〇キロワットを出力できた。また三基の予備ディーゼル発電機もあり、こちらは停泊時の電源として使用され、合計三〇〇〇キロワットの発電力があったので、最大で九〇〇〇キロワットとなる。

状況を問わず、ダンケルク級の倍以上の発電力である。リシュリュー級は主砲の仰俯動作や砲塔の旋回、砲弾の揚弾、装填の大半を電動化したために、これだけの発電量を必要とした。これは他国と比べても大きく、例えばリットリオ級は合計六八〇〇キロワット、イギリスのキングジョージV世級では二八〇〇キロワットでしかない。この発電量の大きさが、リシュリュー級が第二次世界大戦を経てもなお、電子戦装置を積み増しして活躍できた基礎となったのであった。

豊富だが時代遅れの航空艤装

リシュリュー級では煙突と後檣楼を一体化させた近代的なMAC構造の採用などで、上構がコンパクトにまとめられた結果、前級より航空艤装用のスペースが二割以上拡張し、カタパルトを二基に増やすことができた。

カタパルト自体はダンケルク級と同じものが採用されたが、二基を艦尾の両舷側に配置し、そのうち右舷側の一基を前方に、左舷側を艦尾側にそれぞれ大きくずらした梯形配置とした。これによりエレベーターを共用できるので、ハンガーからの偵察機運搬用軌条も一本で済んだのである。

ハンガーは奥行き二五メートル、幅七・二メートル、高さ五メートルとかなり細長く、また両舷の副砲塔の位置では五・九メートルまで絞られていた。艦尾側の搬出口には鉄製シャッターが設けられ、ハンガーの下層は工作室になっていた。

搭載機はダンケルク級と同じロワール一三〇型偵察機であったが、主翼を折りたたんだ状態でハンガー内に二機を格納できたほか、カタパルト上に二機をあらかじめ搭載、さらにハンガーの屋根の艦尾側末端に一機の、最大五機を搭載できるレイアウトになっていた。しかしながら、フランス敗北直前の一九四二年六月の時点でも、「リシュリュー」には三機しか割り当てられていなかった。

ところが、後に連合軍に降伏した北アフリカのフランス軍とともに「リシュリュー」も降伏し、アメリカで近代化改修を施された際に、自慢の航空艤装はすべて撤去されてしまう。これが影響してか、リシュリュー級の航空機用燃料積載量は、フランスの艦艇専門家にも不明とされている。後に三番艦クレマンソー建造時の記録から最大一万九〇〇〇リッターとされているが、これも推測である。

公試が実施された一九三九年一〇月から一九四〇年中盤にかけての時期、「リシュリュー」の船体はミディアムグレーで塗られ、測距儀は日射による熱膨張を抑えるために白で塗られていた。上甲板と最上甲板はチーク材が敷かれていたが、波除板より前方の前部上甲板はスチールグレーで塗装されていた。また煙突のファンネルキャップと水線付近は黒色であった。

電子戦装備としては、開戦後の一九四一年二月から五月にかけて、試作型の二メートルの電磁走査式レーダーを搭載していた。「ストラスブール」は同じレーダーアンテナを前檣楼の後部端に設置していたが、リシュリュー級では後檣楼に移していた。

レーダー性能は高度一五〇〇メートル以上の航空機なら距離八〇キロで探知でき、一〇〇〇メートルだと五〇キロ、低空飛行中の目標は約一〇キロでの探知が可能とさ

戦艦「リシュリュー」(1940年時)
〔鉛筆画：菅野泰紀〕

れた。また水上目標については目標の大きさや海象にもよるが、最大二〇キロで探知可能で、その誤差は五〇〇メートル程度とされた。

イタリアと競った補助艦の建造

不本意な結果に終わった軍縮会議

二〇世紀初頭、イギリスとドイツの激しい建艦競争の狭間で、フランスが周回遅れの主力艦建造にもがいていた状況は、本書の冒頭から詳述してきた。それでは、他の艦種はどのような状況にあったのか。ここでは一部ながら巡洋艦と駆逐艦について、特に軍縮条約時代を中心に俯瞰してみたい。ちなみに、第二次世界大戦では一般的になっている重巡洋艦／軽巡洋艦の類別が確立したのは、一九三〇年のロンドン軍縮条約以降であるが、本稿ではその類別を最初から当てはめて説明する。

一九世紀末、イギリスで発達した巡洋艦は、機関室の屋根となる甲板を装甲化した防護巡洋艦と、舷側装甲を追加した装甲巡洋艦に分化していた。前者はのちに偵察巡洋艦や軽巡洋艦（後述の装甲巡洋艦に対置する船であり、のちにロンドン海軍軍縮条約で規定された軽巡洋艦とは別物）に発展する。
元来、装甲巡洋艦の始祖とされるのは一八九〇年に仏海軍で竣工した「デュピュイ・ド・ローム」であった。しかし一九〇四年計画でエドガー・キーネ級装甲巡を建造している最中に、イギリスが装甲巡洋艦から発展したインヴィンシブル級巡洋戦艦の建造に成功してしまい、以後、フランスは巡洋艦の方向性を見失ったまま第一次大戦を迎えてしまったのである。

1926年9月に就役した、フランス海軍の軽巡洋艦「ラモット・ピケ」

世界大戦の終了後、一九二一年から始まったワシントン海軍軍縮会議は、戦艦保有比率で日本よりも下に扱われるという、フランスには屈辱的な内容となった。そして日本と同等の戦艦保有枠が受け入れられなかった結果、巡洋艦に対する保有量制限への動きにフランスは強く反発した。これに、植民地権益の保護に大量の巡洋艦を必要としていたイギリスも同調した結果、巡洋艦については上限排水量一万トン以下、主砲は八インチ（約二〇・三センチ）以下と個艦性能の質的制限こそ課せられたものの、保有量の制限は見送られた。

条約締結後、フランスはまず巡洋艦の建造に着手した。巡洋艦を選んだのは、戦艦の建造予算や、造船所のキャパシティーの問題に加え、エドガー・キーネ級を最後に、近代的巡洋艦を保有していなかったことが理由である。一九一二年に四五〇〇級の偵察巡洋艦一〇隻の計画が立てられたものの、世界大戦で中止となっていたため、巡洋艦は仏海軍にとって戦力の大きな穴として懸念されていたのだ。

仏海軍は一九二二年度計画でデュゲイ・トルーアン級軽巡洋艦の建造に着手した。これは建造中止になっていた四五〇〇トン級偵察巡洋艦を元にしつつ、第一次大戦の戦訓と、アメリカが一九一八年から建造していたオマハ級軽巡洋艦の情報を採り入れ、設計を改めた船であった。基準排水量は七二四九トン、主砲は六インチの連装砲四基で、条約の上限にはかなり余裕があるが、仏主力艦艇として初の重油専焼缶とギヤード・タービンを採用し、三三ノットの高速を狙った、仏海軍近代化の端緒となる巡洋艦であった。ネームシップの「デュゲイ・トルーアン」は一九二六年九月に就役、姉妹艦の「ラモット・ピケ」「プリモゲ」も同年中に完成した。

順調に進化するフランス巡洋艦

軍縮条約の発効を受けて、仏海軍が新造艦として設計から取り組んだのが、デュケーヌ級重巡洋艦である。とは言っても、設計はデュゲイ・トルーアン級のそれを拡大強化しながら条約の限度まで性能を高めて行く方針の設計となった。

しかし間もなく仏海軍の造船官らは大きな問題に直面する。そもそも八インチ砲という艦砲自体が、軍縮条約の産物なので、砲塔とセットで新規開発しなければならなかったこと。次に重視すべきが速度である。巡洋艦は万能艦として最低でも三〇ノット以上が求められるが、特に地中海は速度性能を発揮しやすいために、本級の設計では三四ノットを目指すものとされた。こうして攻撃力と速度を追求した結果、八インチ連装砲を四基搭載し、乾舷の高い船首楼型船体となった本級は、防御用にわずか四五〇トンしか重量配分できず、装甲は最大でも三〇ミリ

デュゲイ・トルーアン級軽巡洋艦「プリモゲ」の航空艤装

しか割り当てられなかったのである。

搭載砲の威力からすれば、ブリキ缶のような装甲しかないデュケーヌ級であったが、前級より対空砲を倍増させて、煙突の間に合計三機の航空艤装を追加。また主機主缶をシフト配置にして抗堪性を高めるなど、条約型巡洋艦の方向性を示した船であった。

もっとも、走攻守の性能追求と適切な配分において、一万トンの排水量上限という高い壁には、どの海軍も直面することとなる。フランス海軍との均衡を重視して艦艇を整備することになるイタリアも、デュケーヌ級のあとで、一九二三／二四年度計画としてトレント級重巡洋艦二隻の建造を開始している。こちらは八インチ連装砲を四基八門、連装魚雷発射管二基、航空機三機を搭載し、一五万馬力の四軸推進、速力一五ノットと極めて高速、高火力の巡洋艦として完成した。このように、多くの諸元でデュケーヌ級と同等以上の性能を確保しているにもかかわらず、本級は装甲甲板五〇ミリ、舷側装甲は七〇ミリを確保している。この魔法の理由は、トレント級が条約違反の一万五〇〇〇トンで設計されていたためであった。

デュケーヌ級二隻が就役したのは一九二八年であったが、フランス海軍はこの性能に満足はしていなかった。イタリアがトレント級でカウンターを当て、イギリスは性能こそかなり妥協しつつもケント級、ロンドン級、そしてノーフォーク級と数で引き離しにかかっている。また極東では日本が古鷹型、青葉型を経て、攻撃力の高い妙高型重巡を生み出すなど、条約型巡洋艦の建造競争は激化していた。

これを見た仏海軍は、まず一九二五年からの四ヵ年計画で巡洋艦の新造を決めた。これが四隻のシュフラン級重巡洋艦であるが、軸数を三軸に減らして速力を二ノット程度妥協した分、各種の装甲を強化するバランス型の巡洋艦としてデザインされている。シュフラン級は一九三〇年から三二年にかけて順次完成し、各艦ごとに微妙に諸元が異なるが、装甲は最大で六〇ミリを確保した、ある程度満足のいく巡洋艦となったのである。

ロンドン条約後も続く建艦競争

ワシントン軍縮会議では、軍縮の枠組みを軌道に乗せるため、一種の調整弁として巡洋艦の建造条件が設定された。しかし量的な制限を設けなかったことが建艦競争を加熱させたのは、当事者の意図とは外れた結果であった。このエラーを収拾するために設けられたのが、一九三〇年のロンドン会議である。

この会議の看板は一九三一年に期限切れとなる主力艦建造の停止期間をさらに五年延長することであった。しかし本命は巡洋艦保有の量的制限であった。そして交渉の

フランス海軍の軽巡洋艦「ラ・ガリソニエール」

結果、巡洋艦を六・一インチ（一五五ミリ）以上八インチ以下の主砲を搭載する、いわゆる重巡と、六インチ以下の主砲搭載の軽巡洋艦に再定義した上で、各国ともそれぞれの艦種について排水量を基準とした保有制限を課せられることになった。

しかしフランスとイタリアは、巡洋艦の保有量制限には同意せず、その条項に関しては調印をしなかった。この不同意に対して、英米日から反対はあっても決裂には至らなかった。と言うのも、この二ヵ国については特に上限を設けなくとも、造船能力や政治的制約から、脅威になるほどの数の巡洋艦を建造できないのは明らかであったからだ。

実際、ロンドン海軍軍縮条約締結から第二次世界大戦が勃発するまでの期間に、仏海軍は一九三四年竣工の「アルジェリー」だけしか、重巡を建造できなかった。もっとも、この船は仏巡洋艦としては初めて平甲板を採用して重量を軽減し、二五〇〇トン以上を装甲に充てて、舷側一一〇ミリ、水平防御最大八〇ミリを実現。魚雷発射管を復活させつつ、シュフラン級と同等の兵装と速度性能を実現した、世界最良の重巡の一つとなっている。

また、軽巡洋艦についてはダンケルク級戦艦の随伴用として、一九三一年計画から二年間で六隻のラ・ガリソニエール級軽巡が建造された。排水量は七六〇〇トン、速力三一ノットながら、舷側装甲一〇五ミリを備え、六インチ砲への十分な抗堪性を備えていた。速力に妥協はあるものの、ダンケルク級の各艦に三隻の本級が付けば、戦艦にとって脅威となる駆逐艦をその火力と防御力で近づけず、各艦四機搭載している水偵は艦隊の目として十分に機能していたに違いない。

世界に類のない大型駆逐艦

全般的に列強に遅れをとっていたフランス海軍だが、駆逐艦については逆にフランスの先進性が際立っていた。戦間期のフランスの駆逐艦は主に、水雷艇駆逐艦（コントレ・トレピーユ）と艦隊水雷艇（トレピーユ・デスカドレ）の二系統で建造されていた。このうち前者は、第一次大戦時の嚮導駆逐艦（駆逐艦隊／水雷戦隊を指揮する大型駆逐艦）から発展した艦であり、敢えてカテゴライズするなら大型駆逐艦／超駆逐艦ということになるだろう。

大型駆逐艦として最初に建造されたのが、一九二二年度計画によるシャカル級の六隻である。二一〇〇トン型とも呼ばれるように、やや遅れて建造された日本の吹雪型を優に凌ぐ大きさが特徴である。主砲は一三〇ミリ単装砲を五基と、三連装魚雷発射管を二基搭載していた。船体は船首楼型で、航洋性を考慮して乾舷を高くとりつつ、艦種は前方に傾斜したクリッパー型となっている。また艦尾は水線付近に向かって傾斜する独自形状になっていた。大型船体を活かして機関をシフト配置にする余裕があるなど、完成度も高く、六番艦となる「ティーグル」は公試で三六・七ノットを出している。

同時期にデュゲイ・トルーアン級軽巡も建造していたわけだから、仏海軍の近代化に向かう

アルジェリー	ラ・ガリソニエール級
10,000t	7,600t
13,677t	9,120t
186.2m	179.5m
4基／4軸	2基／2軸
重油専焼缶6基	重油専焼缶4基
84,000hp	84,000hp
31kt	31kt
15kt／8,000nm	18kt／5,500nm
20.3cm連装x4、 10cm連装高角砲x6、 3連装発射管x2、 水偵x2、 カタパルトx2	15.2cm三連装x3、 9cm連装高角砲x4、 連装発射管x2、 水偵x4、 カタパルトx1
舷側110mm、 甲板30-80mm、 砲塔100mm、 司令塔100mm	舷側105mm、 甲板38mm、 砲塔100mm、 司令塔95mm
1隻	6隻

モガドル級
2,884t
4,429t
137.5m
92,000hp
39kt
18kt／4,000nm
13.8cm連装x4、 3.7cm連装砲x4、 3連装発射管x2、 連装発射管x2
2隻(4隻未着工)

■巡洋艦

	デュゲイ・トルーアン級	デュケーヌ級	シュフラン級*
基準排水量	7,249t	10,000t	10,000t
満載排水量	9,350t	12,200t	13,470t
全長	181.3m	191.0m	194.0m
主機／軸数	4基／4軸	4基／4軸	3基／3軸
主缶	重油専焼缶8基	重油専焼缶9基	重油専焼缶6基
出力	100,000hp	120,000hp	90,000hp
速力	33kt	33.75kt	31kt
航続距離	15kt／4,000nm	15kt／4,500nm	15kt／5,300nm
兵装	15.5cm連装x4、 7.5cm単装高角砲x4、 3連装発射管x4、 水偵x2、 カタパルトx1	20.3cm連装x4、 7.5cm単装高角砲x8、 3連装発射管x2、 水偵x3、 カタパルトx1	20.3cm連装x4、 9cm連装高角砲x4、 3連装発射管x2、 水偵x3、 カタパルトx2
装甲	甲板20mm、 弾火薬庫側面20mm、 砲塔30mm、 司令塔30mm	甲板22-24mm、 弾火薬庫側面30mm、 砲塔30mm、 司令塔30mm	舷側60mm、 甲板30mm、 砲塔30mm、 司令塔30mm
同型艦	3隻	2隻	4隻

*デュプレクスの諸元

■水雷艇駆逐艦

	シャカル級	ゲパール級	ル・ファンタスク級
基準排水量	2,126t	2,436t	2,569t
満載排水量	2,950t(最大)	3,200t	3,200t
全長	127m	130.2m	132.4m
出力	50,000hp	64,000t	74,000hp
速力	35.5kt	35.5kt	37kt
航続距離	16kt／2,900nm	14.5kt／3,450nm	15kt／4,000nm
兵装	13cm単装x5、 7.5cm単装高角砲x2、 3連装発射管x2	13.8cm単装x4、 3.7cm単装砲x4、 3連装発射管x2	13.8cm単装x4、 3.7cm単装砲x2、 3連装発射管x3
同型艦	6隻	18隻(エーグル級、 ヴォークラン級含む)	6隻

意志は強固であったことが窺える。

仏海軍は間を開けず、一九二五年度から二ヵ年計画でゲパール級六隻を建造した、二四〇〇トン型とも呼ばれるように、前級から三〇〇トンも大型化しており、主砲は同じく単装五門ながら、口径が一三八ミリに大型化。また機関出力が強化されて、計画速力は三五・五ノットであったが、六隻中四隻が四〇ノットを公試で記録している。さらにゲパール級の改型となるエーグル級六隻では主砲が速射化され、後期建造の二隻では発射管一基が三連装化されている。

仏海軍はこれら超駆逐艦に、イタリアの「巡洋艦キラー」を期待していた。三隻で駆逐戦隊を組み、艦隊戦においては偵察や主戦場外縁での攪乱行動、そして夜戦では敵巡洋艦を取り囲んで撃破するという戦術的任務を想定していたのである。

この脅威に対して、イタリア海軍は一九二七／二八年計画のアルベルト・ディ・ジュッサーノ級軽巡に始まる、一連のコンドッティエリ級巡洋艦の建造で応じていた。

しかしフランスは一九三〇年計画で二六一〇トン級のル・ファンタスク級駆逐艦を六隻、さらに一九三二年度からは二九三〇トン型、ほとんど日本の軽巡「夕張」に匹敵するような超駆逐艦のモガドール級の建造を開始している。イタリアは、これまでの巡洋艦の大型化による対応から一変して、基準排水量三七五〇トンのカピタニ・ロマーニ級軽巡を大量取得して応じた。

もっとも、大戦勃発時にモガドール級は二隻が完成したのみ。またカピタニ・ロマーニ級は建造開始直前という状況であり、双方、干戈を交える機会はなかった。もし第二次大戦が起こらなければ、この両国を軸とした建艦競争がどこまで続いたか、興味は尽きない。

第三章　フランス戦艦の戦歴

思いもよらないフランスの敗北

ダンケルク級戦艦の戦力化

これまで、ド級戦艦時代に突入して以降の二〇世紀のフランス戦艦の開発と建造について、リシュリュー級戦艦までの歴史を概観してきた。

一連の努力で、フランス海軍はダンケルク級戦艦の「ダンケルク」と「ストラスブール」、それに完成直前のリシュリュー級戦艦二隻の計四隻を戦力の中核として第二次世界大戦に臨む。しかし海軍としての働きをほとんど見せられないままドイツに敗北し、一九四四年夏以降の西側連合軍によるヨーロッパ反攻まで、フランスは脱落した状態となった。

一般にこの降伏期間中のフランス海軍の状況や、その作戦内容などが主題として語られる機会は少ない。そこでフランス海軍の主力戦艦として第二次世界大戦を迎えたダンケルク級の二隻について、就役後の状況を詳述し、フランス海軍のたどった敗戦とその後の歴史を確認しておきたい。また戦争中に半完成状態で就役したリシュリュー級戦艦の二隻についても後述する。

一九三二年一二月にブレスト海軍工廠で起工された戦艦「ダンケルク」は、唯一、大型艦の建造が可能な第四ドックを使用したにも拘わらず、ドックの長さが足りなかったため、艦首の一部をラニノンのドライドックで接続するという複雑な工事になった事は、すでに説明したとおりである。

その後、艤装用岸壁に繋止された「ダンケルク」の本格的な試験は、一九三六年一二月に始まった。試験までに長い時間がかかったのは、段階的な審査と検証を要した結果である。そして五月一五日に九万四一七〇馬力で二九・四三ノットを記録して「ダンケルク」の基本性能が担保されたことで、本格的な兵装の艤装が着手された。

砲術試験が始まったのは一九三七年二月四日で、評価試験官と国会議員、それぞれ二名を乗せた「ダンケルク」は、ブルターニュ半島の西端にあるウェサン東沖にて副砲の試験射撃を実施。二月一一日からは四日間をかけて主砲の発射試験も実施した。

砲術試験も長期にわたり繰り返されたが、五月一日に「ダンケルク」は就役し、第二艦隊旗艦の将旗が翻った。これはイギリス王ジョージ六世の即位を記念してポーツマスで開催された国際観艦式に、フランス代表として参加するためであった。

もっとも、「ダンケルク」の戦力化はまだ完了しておらず、一九三七年いっぱいを兵装および機械関連の習熟に費やしていた。最初の遠洋航海が実施されたのは一九三八年一月二〇日。ブレストを出港した「ダンケルク」は月末にカリブ海、マルティニーク島のフォール・ド・フランスに到着。周辺を遊弋した後、セネガルに向かい、二月二五日にダカールに入港、三月六日にブレストに帰還した。

遠洋試験航海を順調に終えた後も砲熕兵器や機械の調整が続き、七月にはブローニュに向けて出港。当時、英王ジョージ六世とエリザベス・ボーズ＝ライアン王妃がフランスに滞在中であり、帰国の途に就く貴賓の見送りのために招集された第四巡洋艦戦隊、第一〇水雷隊を、「ダンケルク」が率いたのであった。ちなみに、この夫妻の長女こそ、二〇二二年九月に崩御したエリザベス二世である。

一九三八年九月一日、「ダンケルク」は正式に艦隊に編入され、大西洋艦隊の旗艦としてマルセル＝ブルーノ・ジャンスール中将の将旗を掲げたのであった。

一方、姉妹艦の「ストラスブール」は、「ダンケルク」に遅れること二年、一九三四年一一月にサン＝ナゼールのペノエ造船所で起工された。「ストラスブール」は、世界最大の客船として知られた「ノルマンディー号」を建造したドックを使用できたので、「ダンケルク」のようにあとから艦首を接合するといった複雑な工事は必要としなかった。

そして一九三六年一二月に進水すると、約二年の各種試験と艤装期間を経て、一九三九年四月二四日に大西洋艦隊に配備された。ナチス・ドイツの台頭により国際情勢が急速に悪化する中で、就役が急がれた結果、「ダンケルク」からわずか八ヵ月遅れでの実戦配備となったのである。

新型戦艦の最初の任務

一九三八年暮れから翌年にかけて、大西洋艦隊所属となった「ダンケルク」が慣熟訓練に就いていた間に、世界情勢は悪化していた。ヒトラーはチェコスロヴァキアに対してズデーテン地方の割譲を強要し、これを飲んだ同国を、今度は解体した後に併合しようとの野心を隠そうとしなくなっていたのだ。

これを見たフランスは、一九三九年四月中旬に「ダンケルク」を含む地中海艦隊をアゾレス諸島に派遣する決定をした。名目は西インド諸島にいた練習巡洋艦「ジャンヌ・ダルク」の帰還支援であったが、同時期、スペイン沖に展開していたドイツ海軍の装甲艦「グラーフ・シュペー」を牽制するのが真意であった。

この間、大西洋艦隊に加わったばかりの「ストラスブール」は、五月一日にポルトガルのリスボンに向けて出港し、ポルトガルの探検家アルヴァレス・カブラルのブラジル発見歴史記念式典に参加した。無論、これもドイツへの圧力を兼ねてのデモンストレーションであった。

五月二三日には、「ダンケルク」「ストラスブール」からなる第一戦艦戦隊は、第四巡洋艦戦隊、第二軽艦隊とともにイギリス沖での大規模合同演習に参加。二隻の戦艦はリバプールを皮切りに、オーバン、スタッファ、スコットランド北西のユー湖を経て、スカパ・フロー、ロサイスとブリテン島を周回して、ル・アーブルに停泊した後に六月二一日にブレストに帰還した。

両戦艦は引き続き夏にかけてブルターニュ沖で演習に参加していたが、その最中の九月一日、ドイツ軍が大挙してポーランドに軍事侵攻を開始し、同月三日、英仏両国はドイツに宣戦布告して、遂に第二次世界大戦が始まったのである。

ドイツ通商破壊への対応

もっとも、英仏の対独宣戦布告は何の準備もなく発せられたものではない。八月初旬にポーツマスで英仏海軍首脳が協議して、戦争になった場合、フランス海軍はアフリカ西岸のギニア湾から北アフリカのフランス植民地をたどり、ポルトガル沖からビスケー湾に至る海域での連合軍の海上交通路を保護する取り決めが為されていたのである。

具体的には、船団護衛はブレストに司令部を持つ西部海洋部隊が担う。そして、敵有力艦隊が出現した場合に備えて、同じくブレストに集結した水上打撃艦隊が対処することとなり、「襲撃部隊（別表参照）」が編成されたのである。襲撃部隊の担当範囲は、ブルターニュ半島西端のウェサン島からアゾレス諸島を経由してカーボベルデ諸島に至る海域に設定された。

そして開戦後は、両国海軍はそれぞれがドイツの通商破壊艦を探し出して、これを撃破するための、いわゆる狩猟部隊が臨時編成された。特にこの任務では高速中型戦艦のダンケルク級にかかる期待は大きく、二隻は一緒に行動せず、各々がイギリス艦隊と行動を共にすることとなった。会敵時には高速水上打撃戦力の中核として運用されるためだ。

フランス海軍／地中海艦隊の編制（1938年9月1日）

旗艦：ダンケルク

第2戦艦戦隊	第4巡洋艦戦隊
ロレーヌ	ジョルジュ・レイグ
プロヴァンス	モンカルム
ブルターニュ	グロワール

第2軽艦隊（旗艦：モガドール）

第8水雷隊	第10水雷隊
ランドンターブル	ル・ファンタスク
ル・マラン	ローダシュー
ル・トリオンファン	ル・テリブル

第2水雷小艦隊（旗艦：ビゾン）

第2水雷隊	第4水雷隊	第5水雷隊
フグー	ブーラスク	ブレストーズ
フロンデル	オラージェ	ル・フードロワイヤン
ラドロワ	ウーラガン	ブーロネーズ
第6水雷隊	第7水雷隊	第8水雷隊
シクローヌ	トラモンターヌ	ル・ボルドレ
シロッコ	ティフォン	トロンベ
ミストラル	トネード	ラルション

第2潜水戦隊（旗艦：ジュール・ヴェルヌ）

フランス海軍／襲撃部隊の編制（1939年10月1日）

第1艦隊（旗艦：ダンケルク）

第1戦艦戦隊	第4巡洋艦戦隊
ダンケルク	ジョルジュ・レイグ
ストラスブール	モンカルム
	グロワール

第2軽艦隊（旗艦：モガドール）

第6水雷隊	第8水雷隊	第10水雷隊
モガドール	ランドンターブル	ル・ファンタスク
ヴォルタ	ル・マラン	ローダシュー
	ル・トリオンファン	ル・テリブル

「ストラスブール」は巡洋艦「アルジェリー」、「デュプレックス」や第一〇駆逐隊らとともに、英空母「ハーミーズ」などの英艦隊と合同して「X部隊」を構成して、一〇月から作戦を開始した。

この部隊は一〇月二五日にダカール沖でドイツ船籍の貨物船「サンタフェ」を拿捕し、ベルギーの貨物船を臨検した際に、工作員疑いのドイツ人四名を捕らえた。しかし部隊規模と比較すると、戦果と呼ぶには寂しすぎる。X部隊のフランス艦隊は一一月下旬にいったんブレストに帰投した。

その後、一一月二三日に仮装巡洋艦「ラワルピンディ」がシャルンホルスト級戦艦二隻に撃沈されたのを受けて、

「ダンケルク」は英戦艦「フッド」と合同して敵戦艦を追った。ところがアイスランド沖で悪天候に遭遇すると、「ダンケルク」は大波をかぶるたびに艦首部が海中に潜り込んでしまう状態になり、各所に損傷が続出した。乾舷が低く抑えられたシルエットが「ダンケルク」の外見的特徴であったが、荒れた海ではこれが浮力不足の原因となったのである。「ダンケルク」はすぐさま帰還して、ドック入りを強いられた。

一ヵ月ほどで修理を終えた「ダンケルク」の次の任務は、カナダに国庫の金塊を移送することであった。一二月一一日に巡洋艦「グロワール」とともに出港した「ダンケルク」は、一八ノット以上の高速で西進して、一七日にカナダのハリファックスに無事入港。復路では英戦艦「リヴェンジ」とともに船団護衛に就くと、ブレストに帰還後はこれまで明らかになった問題点を修正するために、二月まで修理に入ることとなった。

自らの影を追って

ドイツ海軍水上艦艇群の動きにも左右されたが、開戦の年は、ダンケルク級の二隻の運用は手探りが続き、期待されていた役割を果たしたとは言えなかった。

通商破壊で脅威となった装甲艦「グラーフ・シュペー」も、フランス海軍の担当海

ウルグアイのモンテビデオ港にて自沈したドイツの装甲艦「アドミラル・グラーフ・シュペー」

域外であり、会敵の機会さえなかった。シュペーは一二月一七日に南米のモンテビデオ沖で自沈したが、もともとこの装甲艦への対抗策として建造されたダンケルク級が積極的に関与できなかったことは、いささか画竜点睛を欠く。

一方、地中海方面では第二次世界大戦の余波により不安定地域が続出し、特に一九四〇年春以降はイタリアの参戦が危惧され始めた。そこで対応のために、仏海軍は主力を地中海にシフトすることを決定。メル・セル・ケビルとアルジェリーに襲撃部隊の拠点を移し、四月五日に襲撃部隊の主力がアフリカの諸港に到着した。南仏のトゥーロンを選ばなかったのは、ドイツの装甲艦の大西洋出現に備えてのことである。

ところが、アフリカ到着直後、今度はドイツの鉄鉱石輸入を阻害すべくノルウェーに対して予備的な軍事行動に出ることが決まると、襲撃部隊も投入されることとなり、一部、機械的な問題がある艦艇を残して、あわただしく地中海をあとにした。

だが、ブレストで出撃準備を急いでいた襲撃部隊は、ふたたび地中海に戻されてしまう。予想以上にイタリア参戦の兆候がはっきりしたため、フランスとしては地中海を放置できなくなったのである。「ダンケルク」「ストラスブール」を含む襲撃部隊の主力は四月二六日にブレストを出港してメル・セル・ケビルに向かった。

ここで二隻の戦艦は第三巡洋艦戦隊の軽巡「ジャン・ド・ヴィエンヌ」、「ラ・ガリソニエール」と合流すると、五月から活発に地中海で演習を繰り返して、イタリアににらみを効かせたのであった。

しかし一九四〇年五月一〇日、ドイツ軍は作戦名「黄色の場合」を発動して、低地諸国とフランスに侵攻を開始した。当然、フランス軍とイギリスの海外派遣軍はドイツ侵攻に備えた反攻計画を策定して待ち構えていたが、ドイツ軍は英仏連合軍の裏をかいて防備が手薄なベルギー南部、アルデンヌ地方の森林地帯を突破。要衝のムーズ川に橋頭堡を築くと、フランス内奥部に機甲部隊主力を進出させた。

このようにして、ドイツ軍が侵攻を開始してから二週間のうちにはフランスの敗色は濃厚となっていた。しかしこのような戦況に、地中海にいたフランス海軍主力はなんら貢献できず、本国の混乱はまるで遠い外国の出来事の様に見えていたに違いない。なぜなら襲撃部隊を中核とする地中海のフランス艦隊は、十分に訓練が行き届いて力がみなぎり、いつでも全力で交戦可能な状態となっていたからだ。

六月に入り、ついに艦隊に出動命令が下された。ドイツ艦隊がイタリア参戦を促すためにジブラルタル海峡を強行突破しようとしているとの情報が届いたのである。一二日、襲撃部隊はほぼ全力で出撃し、スペイン南東のカルタヘナ沖に集結すると、一八ノットで西進した。そこに偵察機から、イタリア海軍とおぼしき大規模な艦艇群がジブラルタル方面を目指して西に向かっているとの報が入った。

東西から枢軸海軍の主力がジブラルタルを襲うという大胆な作戦に見えるが、フランスの現行の敗勢を見れば見合う博打である。にわかに艦隊に緊張が走ったが、まもなくこれは偵察機がフランス艦隊を敵と誤認したものと判明した。言わばフランス海軍は自身の影を追いかけようとしていたことになる。

そしてこれが、「ダンケルク」と「ストラスブール」の最後の出撃となったのであった。

早すぎたフランスの降伏

フランス海軍が地中海で独り相撲のような艦隊行動をとっている間に、祖国はいよいよ窮地に立たされていた。アルデンヌの森を抜いたドイツ軍機甲部隊の主力は、セダン付近で要衝のムーズ川を大挙渡河した。そして幽霊のようなフランス軍の戦線を突破すると、針路を北西に転じて、ベルギー方面に進出していた英仏連合軍主力の背後を絶ち、彼らをダンケルク周辺に孤立させてしまったのだ。

もっとも、もはや逃げ場がない英仏軍将兵を正面から攻撃すれば、必死の抵抗により陸軍が大損害を受ける可能性がある。ただでさえダンケルク周辺は低湿地の運河地帯であるため、戦車部隊も持ち前の機動性を発揮できない。

そこでドイツ軍は彼らをダンケルクにて包囲するに留め、ヘルマン・ゲーリング空軍総司令官の主張を入れて、敵部隊への攻撃は空軍に委ねたのである。しかしこれは失敗であった。イギリス軍は一九四〇年五月二六日から六月四日にかけてダイナモ作戦を発動。貨物船はもちろん駆逐艦まで動員してダンケルクに孤立した友軍を救出する作戦であるが、民間船にも応援を求めた結果、フェリーや遊覧船までが自発的にダンケルクに向かったのである。当然、ルフトヴァッフェの爆撃機はこの阻止に動いたが、イギリス空軍が虎の子のスピットファイア戦闘機を繰り出して艦艇群の上空掩護にかかったため、ドイツ空軍の爆撃機は充分な活躍ができなかったのであった。

こうしてダイナモ作戦は奇跡的な成功を収め、イギリス将兵一九万、フランス将兵一四万がイギリスに逃れることができた。

しかし、イギリス軍が大陸から追い出された事実は変わらず、主力軍を失ったフランス軍には、ドイツ軍の第二段作戦を止める力は残っていなかった。六月一〇日から始まったドイツ軍の攻勢を前に、同日、フランス政府は無防備都市宣言を発してパリを脱出したが、一六日にポール・レイノー首相が辞任して政権は交代。後任のフィリップ・ペタン首相はドイツに対して休戦交渉に応じる意向を明らかにしたのである。

こうして六月二二日、コンピエーニュの森にて、両国の代表団により休戦協定が締結されたのであった。

疑心暗鬼に陥る英仏両国

ダンケルクから二〇万近い将兵を脱出させたイギリス軍であるが、苦境のフランスを救うのは不可能であった。逃れてきた大陸派遣軍は実質的にイギリス陸軍の現役部隊のすべてであり、重装備はもちろん、少なくない兵士が小銃まで大陸に捨てて逃げ帰ってきた状態であったからだ。彼らを再武装し、部隊編制を整えて戦えるようにするには数ヵ月の時間が必要となる。

ならば、フランスを見捨ててブリテン島に引きこもったイギリス軍は、友邦の運命を嘆き、その降伏を甘受したのであろうか。否、欧州政治はそんなに感傷的で生やさしいものではない。イギリスはこの時、フランスがドイツ側について自分たちと戦う未来を予想して動いていたのである。

一九四〇年三月下旬、ポール・レイノー首相はイギリスに対して同盟国として最後までドイツと戦うことを誓約し、単独で講和に応じたり、戦争から脱落することはしないと確約をしていた。したがってイギリスにとって、レイノーの辞任劇から休戦協定の締結までの早すぎる動きは、不信感を高めるものでしかなかった。

だが、イギリスが全面的に正しいわけでもない。ダンケルク後、フランスの脱落を不可避と判断したイギリスは、英空軍の支援を求めるフランスの声に耳を貸さず、本国防衛に備えてスピットファイアをはじめとする戦闘機隊を温存し、フランスを見殺しにしたのである。最後まで戦うという誓約を破ったのは、イギリスも同様ということになる。

フランス海軍のトップで、海軍元帥の地位にあったフランソワ・ダルラン提督は、フランス崩壊の最中にあって、海軍艦艇はいかなる事があってもドイツに引き渡されることはなく、もしドイツ軍が実力を持って艦隊の接収を試みれば、徹底したサボタージュで応じる旨をイギリスに主張していた。

しかしドイツに協力的なペタン政権において、ダルランが海軍大臣に就任することが明らかになると、彼の発言の信頼性は損なわれた。そもそもフランスの政権中枢が南部のヴィシーに移ってしまったため、両国の政治的な意思疎通が取れなくなっていたことも、疑心暗鬼を強くさせた。

六月二三日には、早くも独仏の休戦協定の中身がイギリスに届いていた。チャーチル首相は海軍軍政トップのアレクサンダー海軍本部長と、軍令トップのパウンド第一海軍卿を交えて、この降伏調印文書の検討に入った。

問題はフランス海軍の処遇に触れた第八項であった。内容のうち艦艇の処遇に関連した内容を略述すると次の様になる。

・仏艦艇は、植民地の維持のために認められた艦艇を除き、所定の港湾にて独、伊両国の監督のもと、動員を解除し、艦艇は武

フランス海軍トップの海軍元帥
フランソワ・ダルラン提督

装解除される。

・独政府は、現戦争の間、ドイツ占領下（大西洋岸とフランス北部一帯はドイツ軍の軍政下に入った）の港に駐留している仏艦隊の一部を、自国の目的のために使用しないことを誓約する。

・仏植民地の権益を守るために必要な艦隊の一部を除き、現在、仏領海の外にあるすべての軍艦は、フランスに引き揚げなければならない。

一見、明瞭ではあるが、細目については後に交渉して詰めるべきとされていたので、曖昧さが多い取り決めであった。

イギリスの懸念と誤認

では、この条文を飲んだフランス政府に対して、チャーチルはいかなる疑念を抱いたのであろうか。問題の根は言語にある。この休戦協定には公式な英語版は存在していない。したがって、いくつかの文言のニュアンスの解釈が難しく、当事者でないイギリス政府首脳はフランスのしかるべき責任者に確認をとることも不可能であった。

フランスの立場からすれば、この条文により、活動を許された少数の仏海軍艦艇については、ドイツとイタリアの担当役人の管理の下ながら、演習や哨戒活動、ローテーションを主体的に実施する権限を得たということであり、また実際にそのようになった。

しかしチャーチルをはじめ、英海軍の主要メンバーは、ドイツとイタリアが最終的にはフランス艦隊を自由に使用するようになるに違いないという考えに取り憑かれていた。まして降伏直前にダルランがアフリカ植民地に逃していた戦艦や巡洋艦隊がフランスに回航されれば、ドイツ軍はかならずこの主力艦艇を奪い、イギリスに対して使用するであろうことを疑わなかったのだ。事実、ヒトラーは幾度となく協定や条約を破り、反故にしている実績がある。ヒトラーがこの独仏休戦協定を遵守すると信じる根拠はどこにもなかったのである。

パウンド提督は、すでに運用実績が充分にある二隻のダンケルク級戦艦であれば、ドイツ海軍は二ヵ月程度で戦力化できると予測を立てて、チャーチルの懸念を後押しした。しかし、これは海軍の技術的側面を見落とした、軽率な分析であった。

理由はドイツ海軍の実情にあった。第一次世界大戦の敗北によって、ドイツ海軍はとても外征作戦など望めない沿岸海軍のレベルにまで制限されて、英仏の脅威ではなくなっていた。しかしヒトラーが台頭すると、イギリスはこの勢いのある独裁者を手懐ける材料として、海軍の再軍備をイギリスの三五パーセントの水準まで認めたのである。海軍を弱体化させすぎた故に、油断したとも言える。こうして一九三五年からドイツ海軍の再建が始まった。

しかし、現実問題として海軍の再建と拡張は容易ではない。しかもドイツの場合、艦艇の建造から着手しなければならないわけだが、水上艦と同時にUボート部隊も整備していたので、造船所はパンク状態であった。さらに深刻なのが乗員不足である。兵員や技術者は、同じく軍拡の渦中にあった陸軍、空軍との奪い合いになっていたからだ。

このような状況で始まった戦争であるため、ドイツ海軍には数字の上では世界第四位の勢力を持つフランス海軍を指揮下に置くような余裕はまったく無かった。そもそもフランス降伏後の八月に完成した戦艦「ビスマルク」を戦力化するのにさえ、半年以上の時間がかかっているのである。

ハードウェアの面でも同様だ。ドイツとは異なる主砲口径や射撃管制、航法、通信、主機主缶で構成されている巨大な艦隊を運用しようと思えば、ただでさえ疲弊している兵站にさらに負担をかけることとなる。

また、仮に仏海軍艦艇を指揮下に置いて運用すると決めた場合、その兵装や弾薬はフランス国内の造船所や軍需工場で生産されることになる。しかしフランスの工業力

戦艦「ビスマルク」。1941年5月27日、イギリス艦隊との交戦により沈没した

もドイツの戦争に協力させねばならない状況下で、海軍に既存のフランスの生産力と、相応の資源を割り当てることに対して、陸、空軍が猛反発をするのは火を見るより明らかであった。

フランス海軍を動員解除せず、ドイツ海軍の厳重な監視下で作戦に参加させるという選択肢も、ドイツ海軍の側からはあり得なかった。先に挙げた資源配分の問題はどのみち解決しないからだ。そもそもヒトラー自身がフランス北部とビスケー湾を軍事占領下に置くことで満足していたのである。

六月二九日には仏海軍艦艇の扱いについてドイツとイタリアが協議し、戦艦「リシュリュー」と「ジャン・バール」はメル・セル・ケビル港に回航して現地に留め、三隻のブルターニュ級戦艦はビゼルタで動員解除されることとなった。

このことには、北アフリカにおいてイギリス海軍

戦艦「リシュリュー」(1940年9月23日撮影)

が冒険的な軍事行動に出るのを牽制する狙いがあったと考えられるが、これらの艦艇群に具体的な軍事行動を期待する取り決めは一切見られなかった。それどころか、ドイツは後に、ダカールの「リシュリュー」と、カサブランカに逃れていた「ジャン・バール」をメル・セル・ケビルに回航した場合は、ジブラルタル海峡の通過時を英海軍に狙われ、接収される恐れがあると懸念した。ドイツ海軍は両艦の回航はもちろん、大西洋岸の本国の港に移動させることさえ拒否したのである。このようにドイツはフランス艦隊を完全に持て余していたのが実態であった。

イギリスの対仏作戦準備

だが、わずかな不安さえ残しておきたくないイギリスの行動は迅速かつ徹底していた。独仏休戦協定が締結されて三日後の六月二五日には、イギリスの港湾にあるフランス船籍の商船はすべて接収対象となり、エジプトのアレクサンドリア港ではフランス船に出港禁止命令が出されたのだ。また同日、イギリスはジブラルタル海峡を封鎖して、いかなるフランス船舶も地中海から出ることを禁じ、分散していた艦隊の再集結を阻止したのであった。

このイギリスの措置は、フランス政府を困難な状況に追い込んだ。休戦協定は結ばれたが、これは降伏にともなう大きな方針が決まっただけで、個別案件の解決はまだ緒についていなかった。それにも関わらず、イギリスがフランス船舶を接収し、ジブラルタル海峡の封鎖を宣言したことについて、ドイツは疑念を抱いた。フランスは被害者を装いつつ、船舶、軍艦の接収をイギリスに認め、間接的にイギリスの戦争努力に加担しているのではないか。そのような英仏間の裏取引を疑ったのである。

休戦協定の第一〇条は、いかなる仏海軍艦艇もイギリスへの譲渡やそれに類する利敵行為を強く禁じた内容を含んでいた。これを厳密に解釈するなら、イギリスが仏海軍艦艇を接収しようとしたら、これと戦わねばならないことになる。もしこの点をドイツに疑われて協定違反と判断されれば、休戦協定によってフランス側がわずかに手にしていた主権さえ失いかねない。それは政治的にはとても容認できなかった。

しかし、そんなフランスの苦境は意に介せず、イギリスは次の手を打った。六月二七日には、北アフリカのメル・セル・ケビル港とオラン港にいる仏艦隊に対して、イギリスの指揮下に入ってドイツと戦うように「説得」するか、これが叶わなければ実力によって撃沈するというチャーチルの主張に、内閣が合意したのである。こうして北アフリカの残留フランス艦隊が戦争の焦点となったのである。

昨日の友は今日の敵

宙に浮いたフランス艦隊の立場

ドイツ軍のフランス攻撃に際して、陸軍の戦いがごく短期間で決着が付いてしまったことで、海軍はなにも戦争に貢献できないまま、両国は休戦交渉を開始していた。この時、主力艦艇の大半が北アフリカの植民地に無傷で残されたことが、休戦協定を難しくすると同時に、フランスにとっては数少ない取引材料になっていた。ドイツとすれば、フランスを追い込みすぎた場合、北アフリカの艦隊を中心に、海外の主力艦がイギリス本国に逃れ、世界第四位の艦隊が敵に回ることになる。当時の状況では、フランス艦艇の脅威は限定的であるにしても、連合軍に身を投じた健全なフランス艦隊が、占領下のフランス国民の精神的な拠り所となるのは避けねばならない。

フランス側はドイツの疑念を逆手にとって、交渉を有利に進めた。そして本国のトゥーロン、アフリカのメル・セル・ケビルおよびビゼルタの艦隊は、動員解除には応じるものの、ドイツはその接収を求めないという合意を得たのである。

この合意は即座にロンドンに伝えられた。この時点でダルランは、フランスのサボタージュが奏効して、その艦艇が敵の手に渡ることはないというメッセージでイギリスを安心させられると考えていた。

しかし、すでにチャーチル首相の腹は決まっていた。フランス艦艇がドイツ海軍を増強する恐怖に取り憑かれていた彼は、七月五日を期限としてメル・セル・ケビル港の仏艦隊に対する「カタパルト作戦」を下令し、イギリス海軍は必要な準備を終えていたのであった。イギリスおよびエジプトのアレクサンドリア港にいたフランス船は武力押収され、メル・セル・ケビル港のフランス艦隊に対する軍事行動も始まっていたのである。

ただし問題は、誰がこの作戦を指揮するかであった。艦隊の降伏と接収を求める以上、北アフリカで襲撃艦隊を指揮する仏艦隊を指揮するマルセル・ジャンスール海軍大将と同格の提督を充てねばならない。しかし、先まで銃剣を並べて同じ敵と戦って

メル・セル・ケビル海戦参加兵力

イギリス海軍（H部隊）
戦艦：フッド、ヴァリアント、レゾリューション
空母：アーク・ロイヤル
軽巡：アリシューザ、エンタープライズ
駆逐艦：11隻

フランス艦隊（襲撃部隊）
戦艦：ダンケルク、ストラスブール、ブルターニュ、プロヴァンス
水上機母艦：コマンダン・テスト
駆逐艦：モガドール、ヴォルタ、ランクス、ティーグル、ケルサン、ル・テリブル

いた同盟国に対して、手のひらを返すような任務に喜んで臨む提督などいない。

結局、ジブラルタル基地で新編されたH部隊の指揮官に任じられたのはジェームズ・ソマーヴィル海軍中将であった。彼は戦争勃発の直前に退役していたが、通信技術の専門家であったために、オブザーバーとして海軍に復帰していたのである。

しかし艦隊司令官という誇らしい地位に喜びつつも、チャーチルからの命令書の封を切ったソマーヴィルは、不愉快な任務に落胆した。その命令書にはメル・セル・ケビルのフランス艦隊に平和的な交渉によってイギリスへの合流を求め、それを拒否するなら実力を持って「無力化」すべしと記されていたのである。

いかなる理由においても、フランス艦隊に対する攻撃は誤りであるという信念は、他の提督同様、ソマーヴィルも抱いていた。しかし、すでに外交の季節は終わり、

戦争が始まっていた。祖国の命令に従う以外に、軍人にとるべき選択肢はなかったのである。

未完の軍港メル・セル・ケビル

H部隊が進路をとったメル・セル・ケビルとはいかなる軍港なのか。その歴史と背景を確認しておきたい。

長らく、北アフリカにおけるフランスの主要軍港は、チュニジアのビゼルタであった。一九世紀末にアフリカの覇権を巡ってイギリスと争っていたフランスは、地中海中部でイギリスの東西の連絡線を分断するビゼルタに軍港を設けていた。そして最初は水雷艇の発進基地として整備されたが、最終的には六隻の戦艦、巡洋艦の修理を同時に実施できる主要軍港に成長したのである。「アフリカのトゥーロン」という異名は伊達ではなかった。

ところが戦略的環境が変化して、地中海における主敵がイタリアとなった。その結果、ビゼルタはイタリア半島からの敵空軍機の攻撃圏に入ってしまい、主力艦隊の基地としては使えなくなってしまったのである。トゥーロンをはじめ、本国の地中海沿岸の拠点もイタリアから近くて危険性は同じであるため、一九三四年、アルジェリア西部、オラン港から西に六キロほどにある天然の良港メル・セル・ケビルに新たに軍港が整備されることになったのである。

一九三六年には長さ二キロの桟橋建設が始まり、要塞、沿岸砲台、司令部地下壕の建設のほか、護岸、乾ドックほか、各種貯蔵施設の工事が相次いで始まった。ところが、壮大な計画に対して進捗は緩慢であった。一九四〇年の時点で桟橋は半分も完成しておらず、施設の大半は建設予定地のままであった。オランとの陸路も接続しておらず、通信施設も貧弱であった。防護設備も同様で、魚雷艇などの侵入を避けるため湾口に防雷網が設けられたほか、七五ミリ高射砲台が四ヵ所と桟橋上に機銃座が据えられていただけであった。

一方、対艦防備は強力で、まず湾内を見下ろす旧要塞に射程二万メートルの一九四ミリ砲が四門。またオランとの中間点には射程二万三〇〇〇メートルの二四〇ミリ砲が三門完成していた。ところがドイツとの休戦協定に海軍の自衛手段の放棄が盛り込まれていたことから、カタパルト作戦の発動時には、これらの海岸砲はすべて撤去されて保管庫に戻されていた。沿岸防備用の小型潜水艦も魚雷発射管から圧縮空気放出器が抜かれており、ラ・セニア飛行場の戦闘飛行隊は部品不足で稼働率が大幅に低下していたのであった。偵察飛行隊も状況は同じで、乗員がそのままマルタ島やジブラ

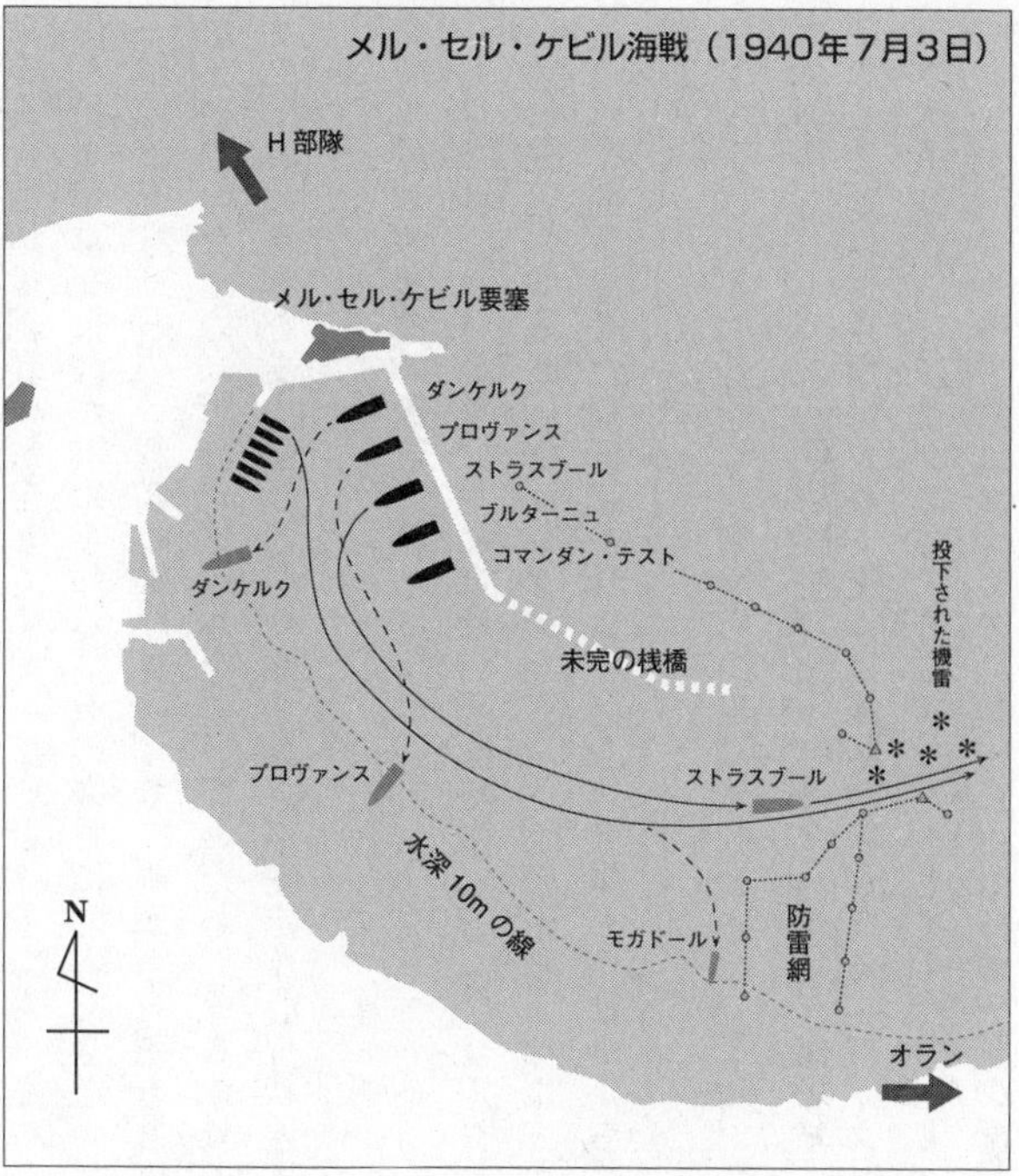

ルタルに逃れてイギリス軍と合流するのを阻止するために、タイヤから空気が抜かれている有様であった。

敗北したフランスを出てメル・セル・ケビルに集結したフランス艦隊もまた万全からほど遠かった。戦艦は一二〇メートル間隔で桟橋に繋止されていたが、艦首を陸地方面に向けていたために、ダンケルク級の二隻は主砲を外洋に向けられなかった。また泊地は細長い形をしていて、広いところでも一キロもないので、艦が外洋に出るにも慎重な操艦が求められる。敵の襲撃に即応できない状態であった。艦の状況もひどい。戦艦の乗組員のうち二割から三割を占める予備役兵は、復員が決まっていたために軍務に熱心さを欠いていたし、それ以外の乗員も大半は本国がドイツに占領されたまま家族と切り離された不安定な心理状態にあったのだ。

ソマーヴィル提督の最後通牒

七月二日、ソマーヴィル提督はH部隊を率いてジブラルタルを出撃し、翌日〇八〇〇時に先遣の駆逐艦「フォックスハウンド」がメル・セル・ケビルの湾口に到着。やや遅れて姿を見せたH部隊主隊は、メル・セル・ケビルから約一五キロ北西の海域に展開した。

ソマーヴィルの任務は最初から暗礁に乗り上げた。ジャンスール提督は独仏休戦協定に抵触するのを危惧して自ら直接の交渉には応じなかった。ソマーヴィルも艦隊を離れることはできないため、交渉は艦隊次席となる「アーク・ロイヤル」艦長のホランド大佐が代行。フランス側の連絡将校を通じてのやりとりとなったのである。

ソマーヴィルの言葉はかつての同盟国に対して最大限の配慮を払った紳士的なもの

であったが、イギリス政府および国王陛下の代理人として、いかなる理由においてもフランスの最新主力艦艇群がドイツの手に渡る可能性を残すわけにはいかないと断言した上で、次のような選択肢をジャンスールに迫った。

（一）フランス艦隊はH部隊と同行してドイツ海軍と戦う。

（二）英海軍の監視下、最低限の乗員のみで艦をイギリス本国に回航する。希望者はフランスに送還される。上記いずれにおいても、ドイツに勝利した後、艦はフランスに返還される。

（三）休戦協定違反を懸念しているなら、（二）と同様の最低限の乗員でカリブ海の仏領まで向かい、そこで非武装化するか、あるいは戦争終結までアメリカに艦艇を依託する。

そして、いずれの条件も受け入れられなければ、交渉決裂から六時間以内にH部隊は攻撃を開始する旨が伝えられた。

ジャンスールは艦隊に戦闘配置と出港準備を命じつつ、ダルランへの連絡を試みた。この時、艦隊乗員の一部は地上訓練に割かれていたため、彼らを緊急呼集しつつ、各艦はボイラーに火を入れ直さねばならなかった。いずれにしても、ジャンスールには時間稼ぎをする必要があった。

この間、H部隊は要塞の射界をかわしつつ巡航しながら、ウォーラス偵察機を飛ばして湾内を観測した。そして「アーク・ロイヤル」から発進したソードフィッシュ雷撃機は、湾口に数個の機雷を投下して、仏艦艇を封じ込めようとしていた。

このような状態で交渉が噛み合うはずもない。両艦隊のトップの直接交渉なら期待は持てたが、ジャンスール提督が時間稼ぎを計って副官を通じての交渉にしか応じないのでは埒があかない。ソマーヴィルも実力行使だけは避けたい本心から、当初は両軍とも抑制的であった。しかし、遂にダルランからの指示はジャンスールには届かず、仏艦隊幹部の間では武力には武力を持って応じるという意見が大勢を占めるようになっていた。

フランス艦隊は戦闘に備え、一七二五時には総員戦闘配置を命じていた。また、H部隊でもソマーヴィルからの報告を分析した海軍本部が、ジャンスールは要求に応じるつもりがないという判断を下したことを受けて、攻撃に踏み切ろうとしていたのであった。

海戦とは呼べない据え物斬り

交渉決裂までに軍港内の仏戦艦は移動を開始し、まず「ストラスブール」と「ダンケルク」の順に港湾を脱出、これに速度が遅いブルターニュ級の二隻が後続しようとしていた。

ところが、「ストラスブール」は繋止を解いて出口に向かったが、他の艦はもたつき、その間に攻撃を受けることになってしまったのである。

最初の攻撃は一七五五時、戦艦「フッド」からの斉射で始まった。この斉射は近弾であったが、二射目は桟橋を襲い、三斉射目が「ダンケルク」に降り注いだ。

攻撃が始まったとき、「ダンケルク」はまだ抜錨できておらず、タグボートで方向転換を試みなければならなかった。その作業中に四発が命中し、二発が主装甲帯を貫通して艦内で炸裂して、瞬時に動力源が破壊された。「ダンケルク」は沈没を免れるために。近場の浅瀬に乗り上げるほかなかった。

ブルターニュ級の二隻はもっと悲惨であった。「ブルターニュ」も方向転換中に「フッド」の三八センチ砲弾が命中、二発が艦尾砲塔を貫通して弾薬庫を誘爆させ、破滅的な浸水が発生。艦尾から沈み始めると今度は副砲用弾薬庫が爆発して、その衝撃で横転し、完全に破壊されたのである。乗員一二〇〇名のうち九七七名が戦死したのは、フランス海軍史上最大の損害であった。

「プロヴァンス」も似たような損害を生じたが、被害の拡大に先んじて弾薬庫に注水

メル・セル・ケビル軍港に艦砲射撃を加える
H部隊の巡洋戦艦「フッド」(単縦陣を形成、
後続するのは戦艦「ヴァリアント」及び「レ
ゾリューション」)　　　〔鉛筆画：菅野泰紀〕

戦艦「ダンケルク」1940―（浅瀬に入り込んだ「ダンケルク」（左）、「ストラスブール」に続くのは「プロヴァンス」、爆発横転するのは「ブルターニュ」、その手前は水上機母艦「コマンダン・テスト」）〔鉛筆画：菅野泰紀〕

できたために、誘爆は免れた。それでも艦内には絶望的な浸水が発生。「ダンケルク」と同じように停泊地から約一キロ離れたところで浅瀬に乗り上げるほかなかったのである。

海戦とは到底呼べない据え物斬りのような戦いの被害は戦艦だけに留まらなかった。遅どうにか港外に出ようとしていた駆逐艦「モガドール」には戦艦の主砲弾が命中。遅発信管の砲弾はそのまま艦底を貫通したが、衝撃で爆雷が爆発し、艦尾が滅茶苦茶に破壊された。それでも機関室の損害は隔壁が食い止めたために、艦は最低限の推進力を残し、どうにか沈没前に座礁することができた。

それでも駆逐艦隊の大半は無事に脱出すると、先行している「ストラスブール」の護衛に就いた。フランス艦隊は、実際は無力な海岸砲の有効射程圏の中で隊列を整え、イギリス艦隊との交戦に備えた。

ところが、一方的な砲撃は不意に終了した。戦艦三隻を無力化したことを知ったソマーヴィルは、十分な損害を与えたと判断し、撤退を開始した。これ以上の不名誉な戦いの継続を望まなかったのである。

ただし、ソマーヴィルの判断は早計であった。メル・セル・ケビル軍港はもうもうと立ちこめる黒煙に覆われていて、偵察機の活動が妨げられたこともあり、必ず仕留めるように命じられていたダンケルク級の一隻、「ストラスブール」が無事に湾外に出ていたことに気付いていなかったのである。

「ストラスブール」の脱出行

戦艦「ダンケルク」がイギリス艦隊の砲撃で滅多打ちにされている間、僚艦の「ストラスブール」は対照的な行動を開始していた。

一七五五時に、戦艦「フッド」をはじめとするH部隊の攻撃が始まったとき、「ストラスブール」も僚艦と同様に艦尾を桟橋に付ける態勢で繋止されていたため、主砲を英艦隊に向けられなかった。

この状況下、艦長のコリネー大佐は港湾からの脱出を即断すると、細かい出港手続きをすべて省いて総員配置を命じ、繋止を解いた。敵の砲撃で吹き飛ばされた港湾設備や他の船の破片が甲板に降り注ぐ大混乱のなかで、コリネー艦長は船がその場で回頭できるように、左舷機関を反転、右舷側を前進で起動するように命じ、艦首を港の出口に向けようと試みた。

「ストラスブール」が動き始めたのは命令から五分後であったが、その直後、先ほどまで艦尾があった付近の海面に一五インチ砲弾が着弾して巨大な水柱が立ち上る。ま

メル・セル・ケビル港を脱出後、ソマーヴィル中将率いるH部隊と交戦中の「ストラスブール」（1940年時）〔鉛筆画：菅野泰紀〕

さに危機一髪のタイミングでの出港であった。

速度を上げながら湾口に急ぐ「ストラスブール」の背後では「ブルターニュ」が大爆発を起こし、炎上しながら左舷に傾いていた。戦艦の主砲弾で艦尾付近をめちゃめちゃにされた状態で座礁している駆逐艦「モガドール」を右舷側に見ながら、「ストラスブール」は湾口から外洋に脱出した。

「ストラスブール」には「ヴォルタ」と「ル・テリブル」、および「リンクス」と「ティグレ」で編成される二個駆逐隊が帯同していた。先発した彼らは英駆逐艦「レスラー」と交戦状態になったが、もともと港湾監視が任務だった英駆逐艦は、友軍戦艦部隊を掩護するために後方に退きながら煙幕を展張した。

外洋に出た「ストラスブール」は二八ノットまで増速を試みたが、砲撃で艦上に吹き飛ばされてきた瓦礫で吸気口が破壊されてしまい、ボイラーが十分な空気が得られずに不完全燃焼を起こして、煙突からどす黒い黒煙が噴き上がっていた。これでは居場所を自ら叫びながら航行しているのと同じだが、巡洋戦艦「フッド」から逃れるには、全速力を出す以外になかった。

メル・セル・ケビル軍港のあるオラン湾には、湾全体に蓋をするようにフランス海軍の機雷が敷設されていた。コリネー艦長は、カナステル岬付近で機雷原を通過する針路をとった。岬には二四〇ミリの沿岸砲が設置されているので、その掩護のもとで東に突破し、トゥーロンを目指そうと考えたのである。

だが、ソマーヴィルが断固として「ストラスブール」の逃走を阻止しようとすれば、さらに東のエギュイユ岬付近で捕捉される可能性がある。一八四〇時頃、敵潜水艦（おそらくはHMS「プロテウス」）らしき感度を得た「リンクス」と「ティグレ」が爆雷攻撃を開始したが、その頃には周囲は霧に包まれていた。

前方と敵のいる左舷側を四隻の駆逐艦に護衛されながら、「ストラスブール」は海岸沿いに北東に向かった。その後方からは四隻の魚雷艇が続いていたが、この間、イギリスの妨害はなかった。

一九〇〇時にエギュイユ岬に到達した「ストラスブール」は進路を東寄りに変えて、次にカルボン岬付近でやや北寄りに変針した。この間、コリネー艦長は吸気口の機能回復を優先させたが、機関長からは、煙突から噴き出す黒煙を止めるためには、まず二番ボイラーを停止しなければならず、その結果、速力は二〇ノットに低下するとの報告を受けていた。

追撃を振り切る「ストラスブール」

大型駆逐艦「ル・テリブル」＆戦艦「ストラスブール」。メル・セル・ケビル港から脱出後、H部隊の追撃を振り切るべく増速中のシーンである〔鉛筆画：菅野泰紀〕

フランス戦艦が派手に居場所を明かしながら逃走している間、H部隊は何をしていたのだろうか？　一八〇五時頃にいったん砲撃を停止したソマーヴィル提督の元には、上空監視をしていたソードフィッシュから「ストラスブール」が港湾を出て逃走中という報告が届いていた。しかしソマーヴィルはこの報告を疑った。この判断により、H部隊は「ストラスブール」の頭を抑える機会を失ったのであった。ソマーヴィルは湾口に投下した磁気機雷の効果に信頼を寄せており、フランス艦がこの機雷原を突破する危険を冒してまで脱出するとは考えていなかったのである。

ところが、コリネーはイギリスの機雷をそれほど恐れてはいなかった。実は「ストラスブール」には消磁ケーブルが新設されていて、直接接触するようなミスさえしなければ安全に通過できる自信があったのである。

ところがこれは大変な誤解であった。後日、トゥーロンで船体検査をしたところ、消磁ケーブルの取り付け方が実は適切ではなく、極性を逆にしたまま配線されていた部位まであったことが判明したからだ。つまり消磁ケーブルは機能しておらず、「ストラスブール」がメル・セル・ケビルを抜けられたのは偶然に過ぎなかったのである。

そんな事情はあずかり知らぬ事であるが、「ストラスブール」が湾外に出て逃げ出そうとしていることに気付いたソマーヴィルは、旗艦「フッド」を押し立て、三一ノ

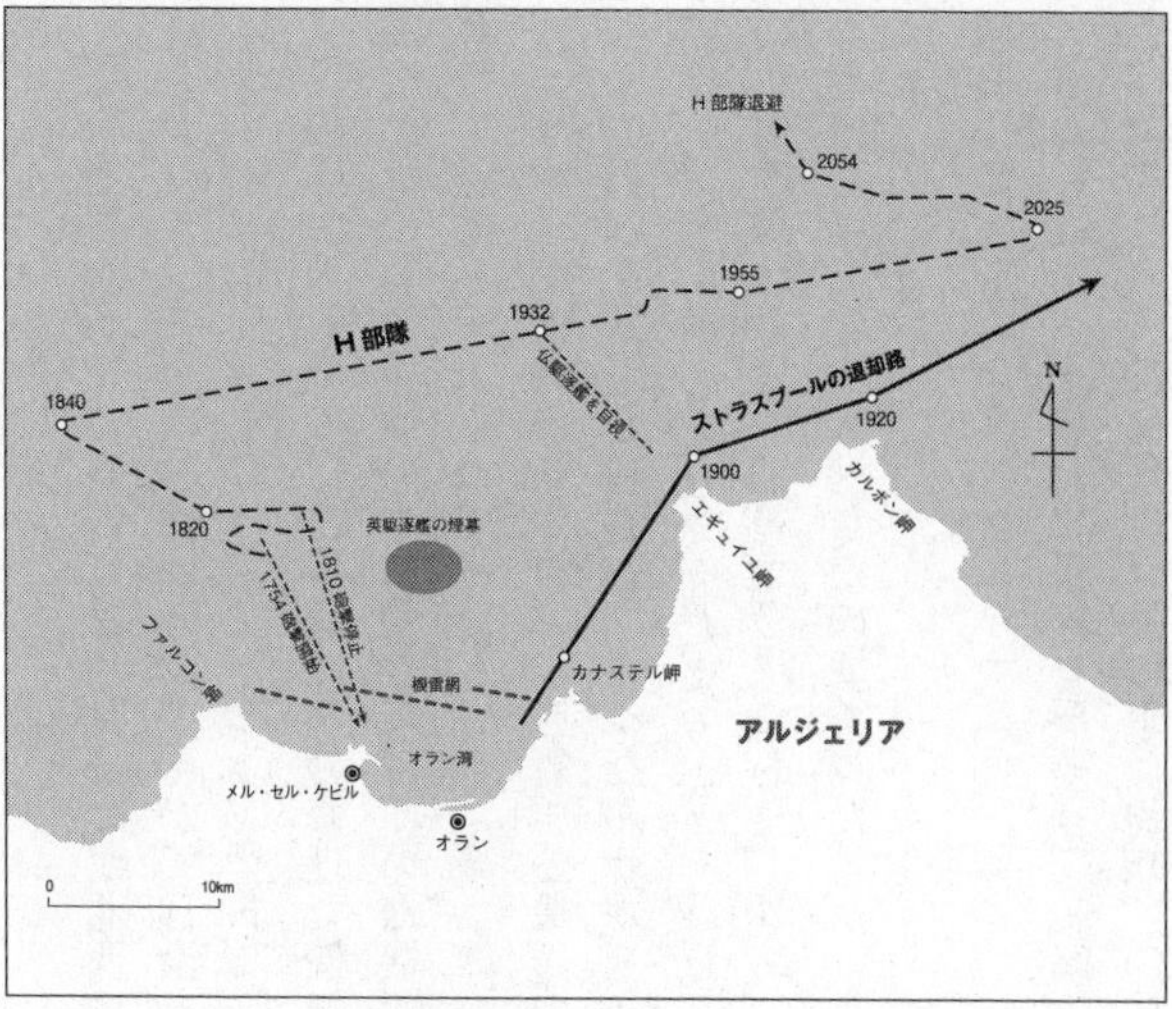

ットの速度で追跡を開始した。また敵を足止めするために「アーク・ロイヤル」からは六機のソードフィッシュが発進していた。

攻撃が始まったのは一九四五時であった。ソードフィッシュは二五〇ポンド爆弾、または航空魚雷を搭載していたが、「ストラスブール」の一三〇ミリ速射砲と、駆逐艦の対空砲火により攻撃を阻止されただけでなく、逆に二機が撃墜される始末となった。

二〇四五時には空襲の第二波が到達。今度は海面すれすれの高度から投下された魚雷がフランス戦艦をとらえたかに見えた。しかし信管の不調のためか魚雷は不発に終わり、今回も「ストラスブール」は無傷であった。

この空襲が始まる直前には、H部隊が北西に変針したのをアルズェフの基地から発進したフランス軍偵察機が確認。やがて日没を迎え、追撃戦は終了したのである。コリネー艦長はすぐに速度を二〇ノットに落とし、ボイラーの修理にかかった。吸気口の損傷は軽微で、一時間ほどの修理で機能を回復したが、第二ボイラー室では不完全燃焼による排煙の中で働き続けていた機関兵、約三〇名が熱気と有毒ガスにやられて、意識不明になっていたという。

コリネーには、トゥーロンに直行する最短の針路を選ぶこともできたが、ソマーヴィルの退却を欺瞞と判断し、いったんサルディーニャ島を目指すように偽装した。実際はコノリーの心配していたようなことは起こらず、「ストラスブール」とその護衛の駆逐艦隊は翌日の二一一〇時にトゥーロンに到着し、停泊中の艦隊の軍楽隊が国歌を奏でる中を堂々入港したのであった。

復旧作業を急ぐ「ダンケルク」

メル・セル・ケビルに目線を戻そう。戦艦「ダンケルク」では応急作業を完了すると、二〇〇〇時に修理班以外の乗員約八〇〇名を下船させて哨戒艇などに移乗させせつつ、被害がひどかった二番砲塔と機関室からの死傷者の回収を優先した。負傷者はサン・アンドレの海軍病院に後送された。

その三〇分後、これ以上の攻撃が行なわれないようにとの意図からだろうか、ジャンスール提督はH部隊に対して、「ダンケルク」の現状を通告するという行動に出た。「ダンケルク」は艦首からやや後ろの艦底部が座礁した状態で、右舷側にひどい浸水が発生していたために、左舷に注水してバランスを保っていた。右舷中央付近の速射砲や燃料ポンプ付近の火災は翌日まで鎮火に時間がかかり、艦首側には十分な電力が届いていなかった。

それでも翌日、七月四日には船体に入った亀裂の修復と排水が進み、動力の復旧も見通しが立った。もちろんメル・セル・ケビルでの完全な修復は不可能なので、応急修理の後にトゥーロンに移すというのが、フランス海軍と、南部海洋部隊のジャン・ピエール・エストゥヴァ大将の共通認識であった。ところがどういうわけか、エストゥヴァ提督は「ダンケルク」の損害が軽微であり、間もなく自力でトゥーロンに帰還して修理を受ける旨の報道を許してしまったのである。

イギリスの「裏切り」に対する皮肉と軽蔑がエストゥヴァ提督の振る舞いの動機であったのかも知れない。しかしカタパルト作戦を実施したイギリスの真意を考えれば、これはまったく不用意な発言。いや、それどころか、害悪にしかならなかった。「ダンケルク」の損害が軽微という報道は、チャーチル首相とソマーヴィル提督にメル・セル・ケビルへの第二次攻撃を決意させてしまったからだ。

フランス海軍の組織は、広大な植民地とヨーロッパの地勢を反映した複雑な構造になっているが、地中海担当の南部海洋部隊は、日本なら鎮守府司令長官にも匹敵する要職である。その長がイギリスの大戦略を解せずスタンドプレーに走るあたり、先の大戦でプレイヤーになれなかったことの反動とも取れるが、第二次大戦の緒戦でフランス軍が敗れ去る要因が透けて見えると評価するのは言い過ぎであろうか。

「ダンケルク」への再攻撃

ソマーヴィル提督は即座にH部隊の針路を南にとり、メル・セル・ケビル軍港を目指した。今回の攻撃では、もはや奇襲効果が望めない以上、住民への損害を招きかねない砲撃ではなく、確実に「ダンケルク」だけを狙える航空機による攻撃が適切と判断された。

七月六日の早朝、座礁中の「ダンケルク」にとどめを刺すため、「アーク・ロイヤル」から発進した一二機のソードフィッシュは、まず六機が第一波攻撃を実施、これに続いて三機ずつ、第三波までの波状攻撃を実施する計画であった。

H部隊による再攻撃を察知したジャンスール提督は、「ダンケルク」を放棄したという意志を明確にするため、速射砲など対空兵器による反撃を控えるべきであると主張した。これは極端であるが、そもそも航空偵察手段も乏しく、敵の空襲がいつ起こるか分からない以上、乗員の退避を優先すべきとの説得には、「ダンケルク」艦長のスギャン大佐も同意するほかなかった。

空襲時、「ダンケルク」の左右には三隻の哨戒艇が繋留されて、一種の魚雷網のような役割をしていた。確かに応急的な防御にはなるが、なぜか誰も本当に防雷網を設置しようとしないまま、七月六日の〇六一五時にソードフィッシュが飛来した。

このとき「ダンケルク」の前甲板は艦内から追い出された乗員の仮の寝床となって、乗員で埋め尽くされていたが、対空砲には誰も部署されていなかった。このように、「ダンケルク」の警戒態勢はちぐはぐで、高級将官や艦長の間で、艦の保全をめぐって喧々囂々のやりとりが為されている間、具体的な指示は発せられていなかったようだ。

しかし攻撃側としても、不慣れな港湾で、しかも浅海面での雷撃とあっては、うまく運ぶと期待する方が酷だろう。使用した航空魚雷の種類は不明だが、おそらく口径四五センチで軽量のマークⅪが使用されたのではと考えられる。一二機の雷撃はほとんどが失敗して、命中したものはなかった。しかし、哨戒艇「テル・ヌーヴ」に命中した一本の魚雷が「ダンケルク」の運命を変えることになる。

魚雷の爆発で「テル・ヌーヴ」の船体は滅茶苦茶になったが、さらにもう一本の魚雷がこの残骸に命中した。真っ二つになった哨戒艇を見た「ダンケルク」の乗員はパニックを起こしたものの、これは応急の防雷網として役立ってくれたとことになる。しかし本当の問題は「テル・ヌーヴ」の積荷であった。炎上しながら沈んでいく哨戒艇は、突然、凄まじい閃光を発しながら大爆発を起こした。実は同艦には四〇個以上の対潜水艦用爆雷が積まれており、これが誘爆したのである。

「ダンケルク」の右舷側で残骸や重油を巻き込んだ一〇〇メートルものどす黒い水柱が沸き上がり、この衝撃で主甲板と内部隔壁がひしゃげるほどの圧力を受け、舷側の主装甲板の一部が吹き飛ばされた。そして崩れ落ちる水柱が「ダンケルク」の被害を拡大させたのであった。

唯一「ダンケルク」にとって幸運だったのは、ソードフィッシュ襲撃の一報を受けたスギャン艦長が、即座に主砲弾薬庫に注水を命じていたことで、この処置がなければ、内部からの誘爆で壊滅的被害を生じていただろう。だが、それほど的確な判断ができたスギャン艦長が、なぜ防雷網を展開するのではなく、爆雷を満載していた危険な哨戒艇をいつまでも側に並べていたのか、理解に苦しむところではある。

大破した「ダンケルク」のフランス回航

戦艦「ダンケルク」の損害が小破に留まった懸念から、七月六日にH部隊がメル・セル・ケビール港に対して実施した空襲は、直接目的を達成できなかった。しかし隣接して繋留されていた哨戒艇「テル・ヌーブ」が雷撃され、満載していた爆雷ともども大爆発を起こしたことにより、「ダンケルク」には凄まじい破壊が引き起こされた。

空襲が去ると、すぐさま損害調査が行なわれたが、大破では説明不足なほど損害は大きかった。まず吃水下部を中心に、船体が長さ四〇メートルにわたって大きく歪み、内部では二重底構造の船底から魚雷隔壁までひしゃげていた。特に爆心付近では各所の装甲が破断していた。最大の破孔は一八×一二メートルもあり、浸水は二万トンに達したと見積もられている。下装甲甲板に亀裂が生じたため、機械室、通信室なども完全に浸水した。

その結果、艦首付近では艦艇が泥の中に深く沈み込んでしまっただけでなく、圧力で艦の前部装甲帯がつかえて、装甲甲板が大きく反ってしまった。当然、船体の基本構造にこれだけの損害が出ている以上、電子機器、精密機械の全損も予想される状況であった。

「テル・ヌーヴ」轟沈が引き起こした「ダンケルク」の被害は、七月三日にH部隊から受けた損害をはるかに上回った。特に水密性が根こそぎ失われているので、修復の目処を付けるのも難しい。試算によれば、この時の「ダンケルク」破壊の威力は、TNT火薬一四トン、航空魚雷八本に相当すると見られている。このような損害を結果論で片付けるのは難しく、むしろ人災として断定されるべきだろう。

なぜなら、まず本来なら不要なはずのH部隊の第二次攻撃を誘引したのは、南部海洋部隊司令官エストゥヴァ提督の不用意な放言であった。第一次攻撃のあと、港湾に十分な防備体制を取れなかったのは仕方ないとしても、対空砲操作員の配置を解いたことは、イギリスへの何のメッセージにもなっていなかった。加えて、隣接して繋止している「テル・ヌーヴ」の危険性が看過されたことなど、フランス海軍襲撃艦隊司令長官のジャンスール提督、ダンケルクのスギャン艦長いずれも、その地位にふさわしい職能を欠いていたと評価せざるを得ない。

二度目の攻撃時には主力艦から大半の将兵が下船していたこともあり、これほどの損害でありながら戦死者が三〇名で済んだのは、不幸中の幸いであった。

遺体や負傷者の収容が終わると、すぐに「ダンケルク」の修復作業が始まった。もっとも、艦首付近の損傷は、規模、内容ともメル・セル・ケビルの設備では手に余る。またオラン港のドックも小さくて使えないので、まず必要な修理の見積もりのために、トゥーロンから造船技師が派遣された。

最優先事項は船体の亀裂の処理である。幅二二・六メートル、高さ一一・八メートル相当の鋼鈑を発注している間に、破損した舷側装甲などが撤去され、八月下旬に外板が交換された。それ以外の亀裂はコンクリートで応急の穴埋めがされることとなり、五〇〇トンほどのコンクリートが使用された。

コンクリートが固まると、ポンプによる船内の排水作業が実施され、九月二七日、ついに「ダンケルク」は浮力を回復した。そして復元作業用の岸壁に場所を移すと、周囲を防雷網で囲んだ上で、先の教訓から対空砲だけは常時操作員を配置して修理の続きを待った。

一一月には一部のボイラーと機関室が修復された。溶接作業の不注意で電気ケーブル通路で火災を起こすなどの事故もあったが、一九四一年四月には艦内装備の修復が完了。間もなく乗員も復帰し、ドイツの同意を得て、フランスのトゥーロンに出港するタイミングを待った。この時期、ロンメル将軍が率いるドイツ・アフリカ軍団の登場により北アフリカ一帯が激戦地となっていたため、「ダンケルク」の航行が困難になっていたのである。

年が明けて一九四二年になると、いよいよ「ダンケルク」の帰還作業が本格化した。北アフリカの枢軸軍がリビアの要衝ベンガジを占領し、西地中海におけるイギリスの圧力が緩んだ直後の二月一九日未明、「ダンケルク」はメル・セル・ケビル湾を出て、一八ノットの速度で北上した。途中、護衛のためにトゥーロンから出てきた二個駆逐隊の五隻の駆逐艦と合流、また上空には大規模な航空掩護も用意されていた。このような配慮を受けて、二〇日深夜に無事到着した満身創痍の戦艦のために、トゥーロンではヴォーバン・ドックを空けて改修を兼ねた修理の準備をしていたのであった。

大洋艦隊の再建とドイツの侵攻

イギリスの「裏切り」によって旗色を鮮明にせざるを得なくなったフランス海軍。彼らは、メル・セル・ケビルが第二次攻撃を受けた一九四〇年七月六日には再建に着手していた。

ドイツとの取り決めにより、ヴィシー・フランス海軍は大西洋岸での権限を奪われていた。そのため、再編は艦隊の大幅な縮小を伴うものとなった。八月には大西洋艦隊が廃止され、海軍は地中海のみを管轄するようになる。トゥーロンに逃れた戦艦「ストラスブール」は、第三艦隊（地中海艦隊）所属となり、細々と対空砲の増設工事が続けられていた。

フランス海軍は、九月二五日に新たに大洋艦隊（Force de Haute Mer）を創設し、ジャン・ド・ラボルド提督が司令官に着任して「ストラスブール」に将旗が掲げられた。ちなみに艦長は「ダンケルク」の元艦長であったスギャン大佐が任命された。一一月には同じくメル・セル・ケビルを脱出してきた戦艦「プロヴァンス」を出迎えるため、巡洋艦四隻を率いてスペイン沖のバレアレス諸島まで出撃した。

ドイツとの協定で、ヴィシー海軍は月に二度を上限とする出撃が認められていたので、「ストラスブール」はこの制限を目一杯使って近海の泊地で演習を行なった。来たるべき海軍の再建のためにも、訓練を欠かすことはできなかったのである。

ところが、一九四二年一一月に状況は一変する。一一月八日、アメリカ軍が北アフリカに上陸作戦を敢行した。この「トーチ作戦」はフランス領のアルジェリアとモロッコの占領が狙いであり、モロッコのカサブランカに駐留していたヴィシー海軍艦隊は、米上陸船団の阻止のために出撃した。

このとき発生したカサブランカ沖海戦には、戦艦「ジャン・バール」をはじめ、軽巡「プリモゲ」ほか数隻の駆逐艦が参加した。「ジャン・バール」は未完成のままカサブランカにいたわけだが、かろうじて砲撃は可能で、米戦艦「マサチューセッツ」との交戦となったのである。

この時の戦艦同士の砲撃戦は後述するが、トーチ作戦はほぼ無抵抗で進み、一一月一一日にはカサブランカのフランス軍守備隊が降伏して戦闘は終結した。

だが、政治はそう簡単ではなかった。この時、病床の息子を見舞うためにアルジェに赴いていた海軍大臣ダルランは、政府首班であるペタン元帥との取り決めに従い、現地フランス勢力の代表として連合軍と停戦協定を締結しただけでなく、北アフリカのフランス陸海軍は連合国側としてドイツと戦う旨を誓約したのであった。

こうして北アフリカのフランス軍は、一部が枢軸軍勢力下のチュニジアに逃れた以外は、ダルランの指揮下に入った。当然、このダルランの動きにヒトラーは激怒した。そして北アフリカのヴィシー・フランス軍も大した抵抗をしなかったことに裏切りと見たヒトラーは、報復としてヴィシー・フランスの占領を決断したのである。

ドイツ軍ではかねてから「アッティラ作戦」の名前でヴィシー・フランス占領計画を策定し、状況の変化に応じて細部を改訂して来たるべき日の準備をしていた。そして連合軍の北アフリカ侵攻が引き金となったフランス侵攻計画は「アントン作戦」と

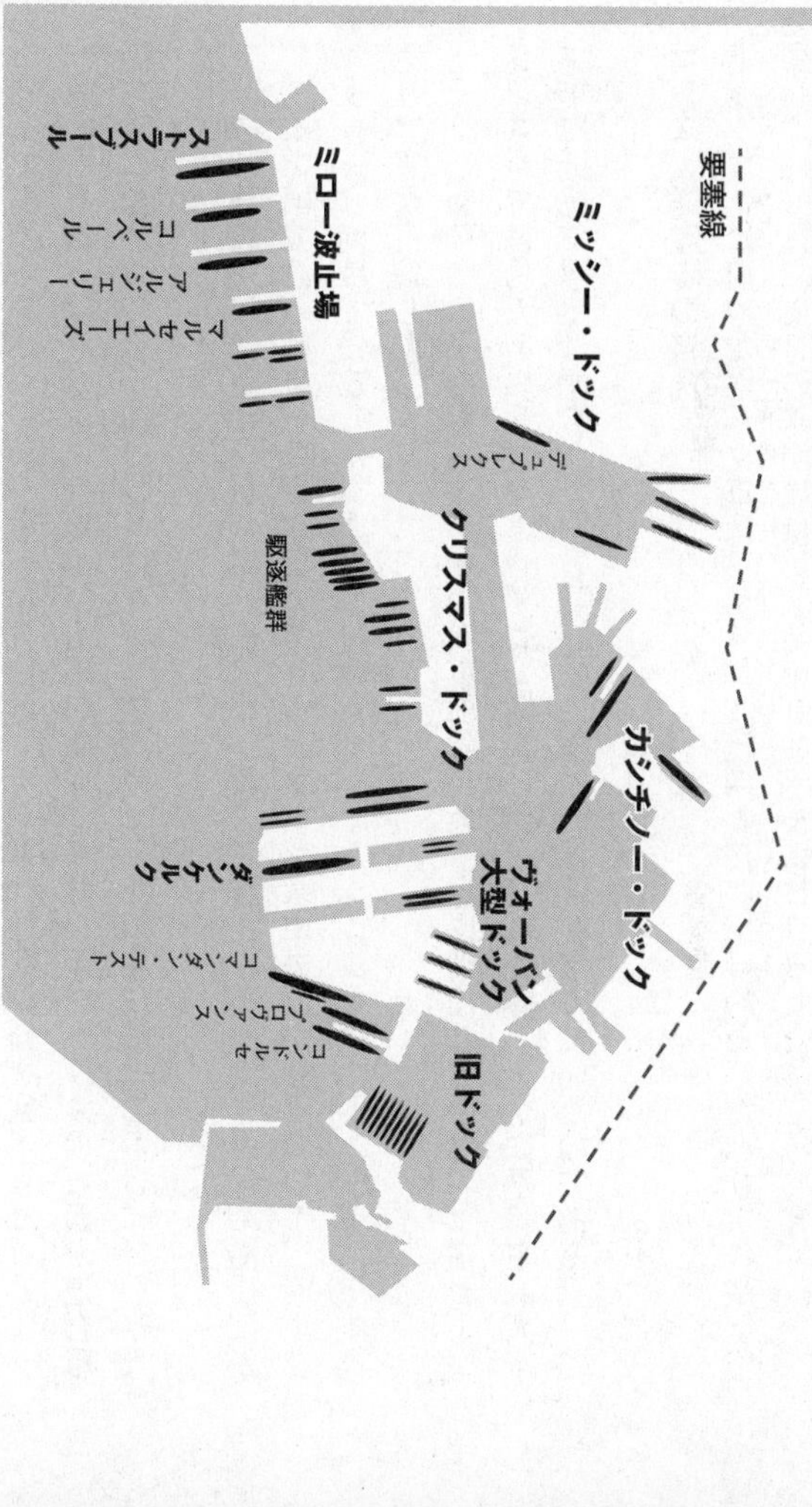

フランス艦隊自沈時のトゥーロン軍港

名を変えて調整が施され、一一月一〇日にはドイツ軍は作戦準備を完了した。

作戦の主な狙いはフランスの地中海沿岸の確保である。北アフリカの東西が連合軍の勢力下になった以上、南フランスを不安定なヴィシー政権に任せるわけにはいかなかったのだ。

「アントン作戦」にはドイツ第一軍と第七軍が投入された。そして大西洋の沿岸部からスペイン国境沿いに第一軍が進撃、第七軍はフランス中央部からヴィシー、およびトゥーロンに向けて侵攻した。これに連動して、コルシカ島とコート・ダジュールはイタリア軍が占領した。

一一月一一日には早くもドイツ軍の戦車部隊が地中海に到達していた。ヴィシー・フランス軍では約五万の兵員がトゥーロン防衛に動員されたが、入念に準備されたドイツ軍に抵抗できるはずもなく、投降勧告に応じて抵抗を諦めていたのである。

フランス大洋艦隊の自沈

トゥーロンに迫ったドイツ軍は、フランス艦隊の接収を目的とした「リル作戦」を発動し、一一月二七日の未明には第七装甲師団が市街に到達した。

これを見たド・ラボルド提督は、旗艦「ストラスブール」から港内の各艦艇に対して、自沈準備命令を発した。即座に各艦に工作班が編成されて、命令一下、乗員の退避完了と同時にキングストン弁を開ける準備をした。同時に、口径一三〇ミリ以上の砲熕兵器にはいずれも爆薬と起爆装置がつながれた。また大型艦では測距儀やジャイロコンパス、捜索レーダー、無線機など、敵の手に渡したくない精密機器を個別に破壊する担当も用意された。機関部ではタービンの破壊はもちろん、主缶を空焚きして爆発させる準備を終えていた。

午前五時五〇分、ドイツ軍先遣隊がトゥーロンに到着し、部隊長がド・ラボルド提督に対して、艦隊を無傷で引き渡すように要請した。しかし「ストラスブール」の後甲板で応対したラボルド提督は、すでに艦隊に自沈命令が出されている旨を告げた。ドイツ軍先遣隊長は気付かなかったが、すでにキングストン弁が抜かれた戦艦は、ゆっくりと沈下して海底にキールを埋め始めていたのであった。

引き渡し勧告の直後には、艦内に残っていた工作班に爆破命令が出され、サイレンに続いて艦内各所で爆発音が鳴り響いた。後甲板に留まっていたラボルド提督は、マストに掲げられた将旗と、艦尾の国旗が収容されたのを見届けると、艦をあとにしたのである。

このように「ストラスブール」は誇りを持って自沈することができた。しかし乾ド

トゥーロンで自沈・着底した「ストラスブール」

ックに入渠していた「ダンケルク」を沈めるには、キングストン弁を抜いてからドックに海水を流しこまねばならなかった。ドックを満水にするには二時間以上必要なので、作業は時間との闘いであった。だが幸いなことに、乾ドックは港湾の一番遠い場所にあったので、ドイツ軍が自沈を阻止しようとしても間に合わなかった。

こうして、メル・セル・ケビルで深く傷付き、トゥーロンに逃げ込んでいたダンケルク級戦艦は、二隻とも自沈という不本意な最期を迎えた。それでもドイツ海軍旗を帯びる不名誉よりはましであっただろう。

「リル作戦」はこうして失敗し、ドイツ軍は艦船への関心を失ったが、イタリア海軍の見方は違っていた。彼らはトゥーロンから資材や装備品を回収しようと考え、わざわざ現地に回収専門部隊を配置した。そしてスクラップの中から良質の鋼材などを選別し、列車でイタリアに運び出したのである。この作業はイタリアが降伏するまで続けられた。

自沈後のダンケルク級戦艦の結末だけ記しておこう。「ストラスブール」はイタリア技術者の手で浮揚されたが、一九四四年夏に実施された連合軍の南フランス上陸作戦にともない、米軍の爆撃によって大破。「ダンケルク」は撤去された備砲がトゥーロン防衛戦に使用されたとも言われているが、連合軍がトゥーロンを占領したときには完全な残骸であり、戦後間もなくスクラップ処分された。「ストラスブール」も戦後に再浮揚されたのち、海軍の標的艦として使用されていたが、一九五五年にスクラップ処分されている。

未完戦艦、出撃

急がれた「リシュリュー」の建造

一九三五年一〇月二二日、戦艦「ダンケルク」が進水してからひと月も経っていないブレスト海軍工廠、ル・サルー第四ドックにて、新型のリシュリュー級戦艦のネームシップが起工された。戦艦「リシュリュー」は、フランス海軍が経験したことのない大型艦であったため、建造ドックでは船体を納められず、三分割して建造した船体を、後にラニノンの第九ドックで組み合わせる方法がとられた。

「リシュリュー」の建造にはトラブルが相次いだ。まだキールを据えたばかりの建造初期の頃から、世界各国で顕著になりつつある戦艦の建造競争についてイギリスが懸念を表明すると、対英関係に敏感なフランス政府の計らいもあって工事は遅延している。また港湾や造船労働者の争議が盛んになっていたのも影響して、待遇改善の要求が増えて妥結に時間がかかり、結果として工事は約一年延長され、進水は一九三九年一月一七日であった。

この日付を見れば分かるように、第二次世界大戦が勃発するまでに残された時間は八ヵ月しかない。この間にドイツとの戦争を予見したイギリスは、リシュリュー級戦艦の戦力化をフランスに対して強く要請していた。皮肉にも独仏伊三ヵ国の建造競争に懸念を表明していた煽りで、自国のキングジョージV世級戦艦の建造が遅れる一方で、ドイツが戦艦「ビスマルク」の完成直前であるのに狼狽したイギリスは、同盟国フランスの新型戦艦に期待を寄せていたのである。

九月三日に第二次世界大戦が勃発すると、フランスは建造計画を見直し、ブレストで起工されたばかりの三番艦「クレマンソー」の建造を中断し、以後の大型主力艦の建造計画を凍結。「リシュリュー」の戦力化と、同級二番艦の「ジャン・バール」の完成に集中することになったのである。

フランス海軍のダルラン元帥は、「リシュリュー」の艤装は翌年五月に終わり、七月に就役できると見積もっていた。目標達成に向けて、労働組合は週八〇時間を超える勤務を受け入れ、一丸となって作業を急いだ。主缶の全力燃焼試験では、いくつかの事前試験を飛ばして、タービン取り付け前に全力燃焼試験を実施して工期短縮を図っている。

それでも開戦時にはまだ完成はせず、最初の主機試験は一九四〇年一月一四日で、四月七日まで断続的に主機主缶と舵が調整を受けていた。副砲の搭載は四月一一日で、三日後の高速公試では、一二万三〇〇〇馬力、三〇ノットを記録して、ようやく関係者は胸をなで下ろせたのであった。

一方、ドイツとの戦争の方は「奇妙な戦争」と呼ばれたにらみ合いが終わり、四月九日にドイツ軍がノルウェーとデンマークに侵攻を開始。これを阻止するためフランスでも海軍が出動してにわかに慌ただしくなっていた。しかし「リシュリュー」はと言うと、傾斜試験で主砲塔の旋回不調などいくつかの不具合が見つかり、その是正作業に追われていた。五月一〇日に、遂にドイツ軍が対仏戦を開始して低地諸国に侵攻したときも、まだ工事中であった。主砲の取り付け完了が六月四日、艦尾の副砲取り付け工事はまだ着手されていなかったのである。

ダカールへの逃避行

「リシュリュー」の全力公試は六月一五日に予定されていた。しかし、六月四日にはダンケルクが陥落して戦線が崩壊し、ドイツ軍はソンム川を渡り、フランス枢要部への本格的侵攻を開始していたので、公試は二日前倒しされた。この試験では全力となる一五万五〇〇〇馬力で三二ノットの速度を三時間以上維持し、最高速では三二・六三ノットを記録した。これに続き、主砲の射撃試験も成功している。

もちろん、全力公試により新たに判明した不具合があったが、すでにドイツ軍の装甲部隊がブルターニュ半島に迫りつつあった。「リシュリュー」のマルザン艦長は、手当たり次第に物資の積み込みを急がせると、ブレストを出港した。

当初、「リシュリュー」はイギリスのグラスゴーに面するクライド湾を目指す予定であった。同盟国イギリスとの関係を考えれば、それが筋である。しかしダンケルク級戦艦二隻の顛末でも見たとおり、敗北が不可避になった以上、フランス政府はドイツとの休戦交渉において、海軍艦艇を取引材料にすべきとの考えに傾いていた。

この決定に基づき、ダルランはブレストのラポルド海軍中将に対して、主力艦をイギリスに向かわせる決定を撤回し、アフリカのフランス植民地を目指す準備を促した。そして六月一八日早朝には、「リシュリュー」を仏領セネガルのダカールに向かわせるよう命じたのである。

脱出命令を受けたマルザン艦長には、弾薬に関する大きな問題が突きつけられていた。主砲の三八センチ砲弾は二九六発積み込めたが、約五〇発分の発射薬しか持ち出せなかったのである。ダカールの備蓄はダンケルク級戦艦の三三センチ主砲弾用でしかない。もし途中で敵艦隊の攻撃を受けたらまともに交戦できず、よしんばたどり着いたとしても、「リシュリュー」には攻撃力がほとんど無いのと同じであった。

しかし他に選択肢もなく、「リシュリュー」はダカールを目指して航行した。上甲板のあちこちに、まだ梱包を解いていない装備品が積み上げられており、メーカーの技術者や造船所の職員も多数乗艦していた。また艦内にはフランス銀行から託された金貨の入った箱も積まれていたが、兵士に必要な熱帯用の軍服や食器が足りないなど、居住性がかなり犠牲にされていたのは、いかにも戦時中の混乱を象徴している。

夜陰に紛れてブレストを離れる「リシュリュー」。手前に見える灯台はPetit Minou（プチ・ミヌー）灯台〔鉛筆画：菅野泰紀〕

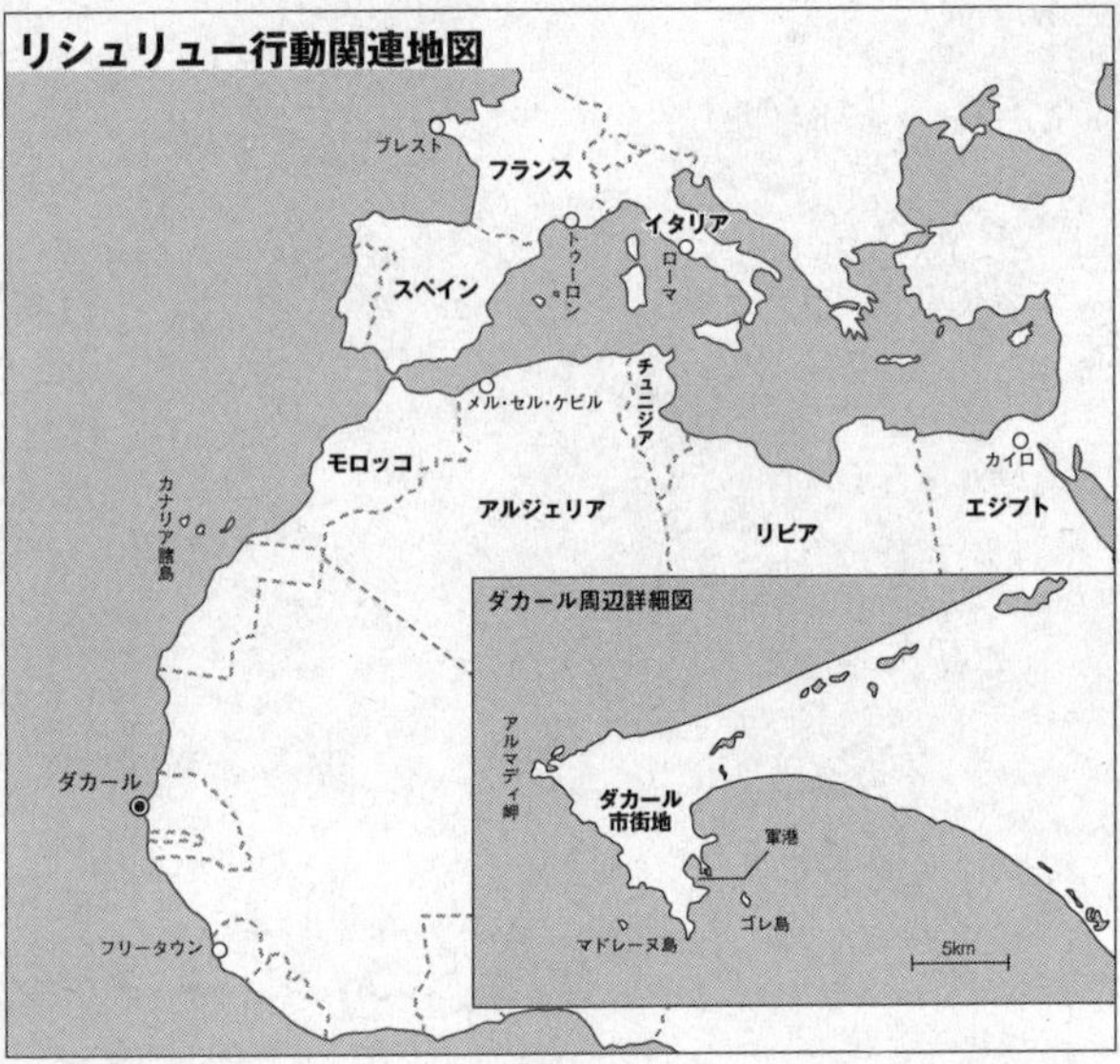

「リシュリュー」をめぐる駆け引き

午前四時、ドイツ軍がブレスト港の目前に迫る中で、四隻のタグボートに曳かれた「リシュリュー」は、ゆっくりと湾外に移動した。そして機関が働き、艦の速度が上がりはじめる頃にドイツ軍機の空襲を受けたが、搭載している一〇〇ミリ砲など対空兵器が威力を発揮して、敵機は「リシュリュー」に近づけなかった。

なんとか形だけの公試を終えただけの船が、艤装の修正もできないまま外洋を航行するのは大変な難事であった。実際、途中で主缶が故障して巡航速度が一八ノットに低下し、主舵用サーボモーターも不調で航行中に頻繁に応急修理を強いられていた。それでもひたすら南下を続けた「リシュリュー」は、出港から五日後の六月二三日にダカールに入港できたのである。燃料はすでに半減していた。

しかしダカールの空気は騒然としていた。パリとダカール間は直線で四〇〇〇キロを超えている。本国は軍事的に敗北し、ドイツと休戦交渉を開始しているとの情報以外は現地にはなにも届いていなかった。ダカールに本拠を置く西アフリカ海軍部隊司令官のプランソン少将は、今後、海軍はイギリスと共闘すべきという立場であり、これを後押しするように、マルザン艦長宛にはイギリス外相のハリファックス卿から合流を促す電信が届いていた。仏領西アフリカ総督のレオン・カイラをはじめとする、ダカールの有力者もイギリスとの共闘が当然と考えていた。

ダカール港にはイギリス空母「ハーミーズ」が停泊し、これを護衛する南大西洋艦隊の重巡「ドーセットシャー」など小艦隊が付近を遊弋して、同盟は健在であるとの姿勢を演出しながら、フランス側に無言の圧力を加えていた。

一方、本国のダルランからはマルザンに真逆の指示が届いていた。交渉結果次第でイギリスが仏艦艇に攻撃的な態度に出ることが考えられるため、充分に備えるべしという内容であった。もし「リシュリュー」が攻撃を受けたならば、これを撃退して、必要であれば中立国のアメリカに逃げ込むよう指示されたのである。

この時、ダカールにいたフランス艦艇は、駆逐艦「フルーレ」の他は仮装巡洋艦と旧式スループがいるだけで、あてになるのには二隻の潜水艦だけであった。

現場の戦意と本国の真意がひどく乖離している中で、目前にイギリス艦隊がいる状況を危惧したマルザンは、本国に近いカサブランカの方がより安全だと考えた。現地指導部も、ダカール市民の動揺を懸念しつつ、これには同意した。そこで二隻の潜水艦にはそれぞれ「ハーミーズ」と「ドーセットシャー」の監視を任せ、六月二五日早朝、「リシュリュー」は駆逐艦「フルーレ」とともにダカールを後にしたのである。

「ハーミーズ」は、飛行甲板上に雷装したソードフィッシュを並べて威嚇しつつ、出港する仏戦艦の追跡を図った。しかしフランス側は沿岸砲の訓練を装ってこれを阻止するような構えを見せたため、イギリス艦隊は反転して追跡を諦め、南方に退避した。

ところがどういうわけか、マルザンの意図がダルランには正確に伝わっていなかった。それどころかダルランは「リシュリュー」の動きが英海軍との共闘に見えたらしく、マルザンに対してダカールに戻り正式な命令を待つよう強い調子で命じたのであった。マルザンは今度もダルランの命令に従い、反転してダカールを目指したが、そ

フランス海軍のリシュリュー級戦艦「リシュリュー」

の背後を「ドーセットシャー」らが追跡を続けていた。
ところが、ダカール沖に姿を見せた「リシュリュー」に対して、六月二六日の早朝、西アフリカ海軍部隊司令部は、カーボベルデ北方約二〇〇キロメートルの所定海域に向かうよう命じたのである。フランス銀行の金塊七〇〇トンを積んでダカールを目指している船団と合流すべしとの任務であった。ところが水上機を搭載していなかった「リシュリュー」は船団との合流に失敗し、空しく帰投するほかなかった。船団は七月四日に無事、ダカールにたどり着いている。

臨戦態勢に入った「リシュリュー」

まるでデキの悪い茶番劇に右往左往している間に、「リシュリュー」をめぐる状況は悪化し続けていた。六月二五日に締結された独仏休戦協定の内容が明らかになるにつれ、英仏の関係は険悪になっていたからだ。

特にチャーチル首相は「リシュリュー」がドイツ海軍に合流する事態を極度に恐れ、一刻も早い処分を望んでいた。問題は、この欧州最強クラスの戦艦を沈める戦力が付近にいないことであった。

そこでまず、ダカール南方、約八〇〇キロにあるフリータウンに停泊していた空母「ハーミーズ」とケント級重巡「オーストラリア」の二隻に、ダカール沖の「ドーセットシャー」との合流が命じられた。そして七月三日にメル・セル・ケビル軍港の仏艦隊に対するカタパルト作戦の実施が告げられた。この小規模な機動部隊には、「リシュリュー」の動向を掴み、外洋に出るなら雷撃戦で沈めるよう指令が発せられたのである。

一方、メル・セル・ケビルが攻撃されたのを知ったダカールでは、反撃のため潜水艦隊に「ドーセットシャー」の攻撃を命じ、沿岸砲台に総員配置を命じた。しかし英重巡はフランスの意図を察して沿岸砲の射程に近づこうとせず、ウォーラス哨戒機を飛ばして潜水艦を牽制したので、にらみ合いとなった。

イギリス海軍にとっての最大の得物が「リシュリュー」であると承知していたマル

ザン艦長は、限られた環境の中で最大の抵抗を試みた。まずダカール湾港にあるゴレ島西岸付近に、艦首をほぼ真南に向けて停泊した。これで艦の左舷はゴレ島に、右舷側はダカールの陸地と沿岸砲台によって守られる。さらに艦上攻撃機からの雷撃に備えて、艦の左右両舷に貨物船などを並べて、直撃の可能性を減らしていた。周辺海域には防雷網を厳重に敷いていたので、最初から艦隊戦は考えず、ダカール港湾での持久に徹しようとしていたのである。乗員は定数を満たしておらず、艦砲の操作もままならない中ではやむを得ない判断だろう。

攻撃については、兵員を主砲と副砲に集中して稼働状態を高め、三八センチ主砲も発射可能になっていた。しかし揚弾機が未完成であったため、装弾作業を人力でしなければならず、次発装填には一五分を要すると予想された。おそらく二斉射分の戦闘しかできない計算だ。加えて、既述のように発射薬が少ない懸念もあった。これを解消するため、マルザンはダカールに備蓄されていたダンケルク級戦艦用の発射薬を三八センチ主砲でも使用可能な形に加工するよう、ダカールの工廠に命じていたのであった。

ダカールを巡る戦い

雷撃を受けた「リシュリュー」

ダカールのフランス軍に対して、イギリスはメル・セル・ケビルと同じ態度で臨む。フランス艦隊の抵抗に備えて地中海方面からH部隊を差し向け、それまでの間、空母「ハーミーズ」艦長のリチャード・オンスロー大佐が臨時の戦隊指揮官として巡洋艦「ドーセットシャー」と「オーストラリア」を指揮下に置き、ダカールを監視したのである。

七月七日の午後にはイギリスから使者が派遣されたが、ダカール側は入港を認めず追い返した。同日夕刻、イギリス側は最後通牒を発して降伏を呼びかけ、これにダカールが従わない場合は、「リシュリュー」に対して航空攻撃を仕掛ける手はずとなっていた。

ダカールでイギリスの本気度を疑う者はなく、予備役を中心に戦意が低い水兵が、我先にと下船した。中には七割の水兵が荷物を抱えて舷側に溢れるような船まである始末で、混乱を鎮めるために、憲兵隊や植民地兵を投入して彼らを持ち場に戻らせなければならなかった。それでも乗船を拒否した百人以上の水兵がダカール近郊の収容所に投獄された。

この混乱で即応できる艦艇が限られたため、まず動ける水雷艇が交替で湾外を哨戒し、潜水艦「ル・エロー」がマヌエル岬から約一〇キロメートル南方の海域に展開した。このような混乱の中では、「リシュリュー」の即応体制は不十分となるほかなく、最初の斉射をする分の配置しか間に合いそうになかった。

イギリス側はソードフィッシュ雷撃機の出撃準備を急ぐ一方、海兵隊が「リシュリュー」の船底に約二〇〇キロの爆弾を仕掛ける夜間潜入工作を試みたが、こちらは警戒が厳重であったために見送られた。

七月八日未明、空母「ハーミーズ」から六機のソードフィッシュが出撃し、これを認めた「リシュリュー」艦内には戦闘配置のサイレンが鳴り響いた。とはいえ散発的な対空機銃以外に迎撃手段はなく、六機に雷撃を許すことになり、一本が右舷後方に命中した。魚雷の爆発で巨大な水柱とともに艦尾が持ち上がると、続いて海水が滝のようになだれ落ちてくる。海中では、停泊場所の水深が浅くて、船底から海底まで約五メートルしかなかったため、反射された水圧の衝撃で「リシュリュー」には見た目

夜間に攻撃をかけた「ハーミーズ」艦載機が魚雷攻撃を行ない、1発が艦尾右舷に命中したシーン〔鉛筆画：菅野泰紀〕

以上に深刻な被害が生じてしまった。

まず電気回路と機械の多くが損傷して、前部マストの方位盤は二つとも台座から脱落して機能しなくなった。右舷のシャフトも歪みを生じ、その隙間から発生した浸水が防御区画にも入り込んで艦尾から沈み始めたのである。

取り急ぎ艦尾から燃料を抜き、艦首に注水して傾斜を回復すると、タグボートの助けを借りて、午後までに「リシュリュー」はペトロワール埠頭に移動した。防雷網を周辺に設置して安全こそ確保したが、浸水を完全に止める方法がなく、干潮時には艦尾が海底をこするような有様となっていた。

「リシュリュー」の破損状況

慣熟航海が不十分のままダカールに回航されたのに加えて、攻撃を受けたときの悪条件が重なり、「リシュリュー」の修復は困難を極めた。これにはフランス海軍の独特の悪条件も作用した。

リシュリュー級の建造時から指摘されていた問題であったが、フランスには三万五〇〇〇トン級の戦艦を整備できるドックが少なかった。二五〇〇メートル級のドックは、北フランスのブレストとシェルブールの軍施設、ル・アーブルの民間商用ドック、地中海ではトゥーロンに二ヵ所の他、外地ではチュニジアのビゼルタにしかなかったのだ。

戦略的重要性に鑑みて、ダカールの港湾施設を強化すべきとの意見はあったが、実現はしていなかった。ダカールから北フランスのドックはイギリスの監視が厳重であり、地中海のドックに向かうにしてもジブラルタル海峡を通過しなければならず、いずれも現実的ではなかった。

「リシュリュー」の状態もかなり悪い。まず浸水を止めるのが困難であった。雷撃のショックで歪んだり破損した水密区画は仕方ないにしても、防御区画の浸水は想定外であった。竣工から日が浅くて、ケーブル用ダクトなど細部の水密性が充分でなく、無数の隙間から、弾庫などに海水が流れ込んでいたのである。

また艦内の排水ポンプに故障が多発し、外部ポンプもダカールには充分になかった。結果、少ないポンプを酷使しては故障が頻発したため、浸水部から遠い艦内のポンプを分解して移したが、こうした応急ポンプの操作とメンテナンスに多くの乗員が忙殺されたのである。

幸い、心臓部のボイラーは魚雷命中時に緊急停止したものの、損害は軽微であった。しかし右舷側の内側のシャフトが大きく歪んで回転不能となり、船体との継ぎ目が裂けて生じた亀裂からの浸水が深刻であった。外側のシャフトも軸受けが歪んで回転時にこすれて抵抗が生じるため、低速時しか使用できなかった。また、タービンもケーシング内で破損したらしく、信頼できない状態となった。実質的に左舷側の二軸推進となった「リシュリュー」の速度は、最高でも一二ノットと見積もられた。これでは、イギリス艦隊の警戒をかいくぐって本国に逃れるのは不可能であった。

以上の状況から、ダカール現地政府の判断で、手持ちの資材と設備で可能な限り「リシュリュー」を修復しつつ、ダカール防衛における最大の戦力——浮き砲台として使う方針となった。この頃、ヴィシー政府はイギリスに対する姿勢を硬化させていて、海軍内では親英的な態度が疑われた高級将官の更迭が相次いでいた。当然、イギリスは一層攻撃的な姿勢を強めると予想され、ダカールはその最前線となっていたのである。

応急修理に努める「リシュリュー」

「リシュリュー」で最優先の応急箇所は、右舷シャフト付近の船体の亀裂であった。ダカールの造船所では他の船の部材を流用しながら、鋼材で補強した縦横約一一メートルの防水マットを製造した。これでまず亀裂をふさぎ、浸水を止めて艦尾の浮力を回復させようというのだ。

また並行して造船所では鋼鉄製の止水板を製造していた。これは「リシュリュー」の右舷側面に生じた装甲板の歪みによる亀裂を、外側からすっぽりと覆うように整形されていた。このような作業には、ブレストから帯同していた約二〇名の民間人技術者も協力した。

攻撃能力に関しては、方位盤をはじめとする電子機器の多くが破損していたため、二番主砲塔と首尾線上の副砲塔のみ兵員を部署した。

既述のように、「リシュリュー」はブレスト出港時に約三〇〇発の主砲弾を積載していたが、肝心の装薬が足りない。しかしダカールには戦艦「ストラスブール」割り当て用の装薬しか在庫されていない。そこで地元修道院の協力を得て、新たに三八センチ主砲用の装薬袋六〇〇個（一五〇発分）を製造したのである。副砲は砲弾、装薬とも潤沢であり、一〇センチ高角砲用以下、各種対空砲、機銃の弾薬は充分であったので、防空戦にはかなりの抵抗が期待できた。

自由フランスのダカール占領計画

ダカールのフランス植民地政府が防備を固める外側の世界では、政治的な動きが活発になっていた。

七月八日の空母「ハーミーズ」の攻撃は「リシュリュー」を撃沈するには至らなかったが、とどめは刺さずに放置された。ダカールの整備能力を考えれば、損傷した戦艦は修復できず脅威にはならない。追い打ちをかけて敵愾心を煽る必要はないと判断されたのである。

だが、フランス降伏後、亡命先のイギリスで自由フランス軍を編成し、ヴィシー政権と対立していたシャルル・ド・ゴール将軍は、ダカールに別の好機を見いだしていた。彼は自らの手でダカールを占領し、自由フランス軍の存在をアピールしようと考えたのである。

この時期、ドイツ軍がダカールを潜水艦基地として利用するためにヴィシー政権と協議しているのを知ったイギリスも、ド・ゴールの案を支持したのであった。

「メナス作戦」と命名されたダカール攻略作戦において、主体となるのは自由フランス軍、二個大隊中核の二四〇〇名であった。八月二六日、車両や航空機、軍需物資を満載した五隻の船団が「サヴォルニアン・ド・ブラザ」など五隻のスループに護衛されてリバプールを出港。その五日後、兵員輸送船五隻と、ダカール市民への支援物資を詰んだ貨物船一隻が、巡洋艦「フィジー」と駆逐艦七隻の護衛を受けてイギリスの諸港を出撃した。

二つの船団はアイルランド沖で合流すると、重巡「デヴォンシャー」と戦艦「バーラム」「レゾリューション」、空母「アーク・ロイヤル」を護衛に加えてダカールを目指した。作戦支援のために、艦隊には海兵隊を含む約四二〇〇名のイギリス軍も帯同していた。この部隊の司令官であるアーウィン少将は、「バーラム」に座乗していた。

規模こそ小さかったが、「メナス作戦」は第二次世界大戦における連合軍最初の敵前上陸作戦として計画された。指揮系統は複雑で、自由フランス軍の単独作戦という体裁を取るため、英軍と護衛艦隊はダカールから探知できない距離に待機することになっていた。もしヴィシー・フランス軍ないし植民地軍が抵抗した場合、ド・ゴールはまず強襲上陸を実施し、ド・ゴールの判断でイギリス軍の救援を求めるという手はずであった。もっとも、このイギリス軍投入の段取りは事前にははっきり決められておらず、優勢な戦力に依存していた曖昧な作戦構想であった。

ヴィシー・フランス軍の準備

ヴィシー政府でも、ド・ゴールが西アフリカのフランス植民地で行動を起こす兆候を掴んでいた。六月中旬にチャド植民地のフェリックス・エブエ総督がド＝ゴール支

ラ・ガリソニエール級軽巡「グロワール」

持を表明していたが、八月下旬までにこの運動は西アフリカのフランス植民地一帯に拡大していた。エブエは自由フランス側に付き、ヴィシー政府に反旗を翻す声明を発していた。唯一、ガボン植民地だけがヴィシー側に残っていた。

アフリカにおける植民地帝国の瓦解に直面したヴィシー政府は、ド・ゴールの動きに先んじてガボンの強化を図るべく、海軍艦隊派遣の許可をドイツに求めた。そして九月上旬にドイツの同意を得ると、トゥーロンの艦隊から「ジョルジュ・レイグ」「モンカルム」「グロワール」の三隻の軽巡洋艦と、第一〇駆逐隊が選抜され、Y部隊が編成されたのである。これはかつての第一艦隊――襲撃部隊の残余艦隊であった。

ブラージュ提督が指揮官を務めたY部隊は、イギリス側の油断を突いてジブラルタル海峡を無事に突破した。要塞司令官であったダドリー・ノース提督は「メナス作戦」を知らされておらず、フランス艦隊の真意を知らなかったのである。事後報告でY部隊が大西洋に出てしまったのを知ったチャーチルは激怒したが、時すでに遅かった。

ジブラルタルからは即座に戦艦「レナウン」が出撃、また地中海艦隊司令長官のアンドルー・カニンガム提督にも追跡艦隊の派遣が命じられた。しかし追撃を予期したブラージュ提督は、航続距離が短い駆逐艦隊をカサブランカに残すと、巡洋艦だけで南下し、九月一四日にはダカールに入港したのである。巡洋艦には貴重な支援物資が満載されていただけでなく、トゥーロンで任を解かれた要塞砲の補充要員も同乗していた。

Y部隊の出現はイギリスを狼狽させた。自由フランス軍の一部がヴィシー政府と内通して、「メナス作戦」が露呈している可能性を危惧したのである。しかしド・ゴールは予定通りの作戦実施を決定したのであった。

ダカールを巡る英仏両艦隊の前哨戦

ダカールに到着したフランス海軍軽巡「ジョルジュ・レイグ」「モンカルム」「グロワール」は、簡単な整備を済ませると、九月一八日には二五〇名の陸軍兵を同乗させせって出港した。この小艦隊に、ダカールからは軽巡「プリモゲ」とタンカー一隻が加わっていた。

艦隊の目的地がガボンであることをイギリス軍は知らなかったが、南下する仏艦隊は間もなくイギリス重巡「コーンウォール」と軽巡「デリー」に捕捉されてしまう。仏艦隊が逡巡している間に重巡「カンバーランド」と「オーストラリア」も合流して、海戦が始まった。

この時点で仏艦隊側の戦意は低く、コナクリの沖合で機関部に深刻な故障を起こした「グロワール」は、「プリモゲ」とともに降伏を強いられてしまう。

艦隊を指揮していたブラージュ提督は、部下の反対を押し切ってダカール退避を決めて、九月二〇日には軽巡二隻で逃げ帰ってしまう。この混乱で「グロワール」と「プリモゲ」はイギリス海軍に降伏を強いられ、カサブランカに送られていた。

ブラージュ提督の指導能力に失望したダルランは、彼を即日罷免すると、エミール・ラクロワ海軍少将を後任に据えた。早速二一日にトゥーロンから空路でダカールに赴いたラクロワ提督は、生き残った軽巡二隻と、第一〇駆逐隊「ル・ファンタスク」「ル・マラン」「ローダシュー」の指揮を引き継いだのである。

だが、ダカールのフランス艦隊には戦力を整備している余裕はなかった。九月二三日早朝、ダカールの沖合に突然イギリス艦隊が出現したからだ。ブラージュ提督の失敗から、西アフリカ沖合にイギリス艦隊がいる可能性は掴んでいたが、ちょうど前日は戦艦「リシュリュー」の主砲弾を積載した定期貨物船の掩護のためダカールの哨戒機が出払っていたこともあり、南方への警戒が薄かった。その南方から敵はやってきたのである。英艦隊発見の報がダカールに入ったときは、泊地の各艦は日よけをさしかけての日課中であったと伝わっている。

「メナス作戦」の実行部隊ゆえにM部隊と呼ばれていた英海軍主体の艦隊の動きは速かった。空母「アーク・ロイヤル」から発進した二機の連絡機がダカールの空軍基地に着陸すると、飛行場要員にド・ゴールへの協力を呼びかけたのだ。これと同時にダカール上空にはソードフィッシュ雷撃機が飛来して、投降を勧告するビラを散布した。港湾の沖合に停泊した自由フランス軍のスループからは、ティエリー・ダルジャンリューを代表とする自由フランス政府の交渉団を載せた二隻のランチが切り離された。ランチの艦首にはフランス国旗と休戦を求める白い旗が掲げられていた。そしてド・ゴール本人はダカール住民に向けて、自由フランスを支持するよう無線放送で呼びかけていた。

ド・ゴールにとってダカールは是が非でも自由フランス側に引き込みたい場所であ

ダカール沖で作戦行動中の「アーク・ロイヤル」
〔鉛筆画：菅野泰紀〕

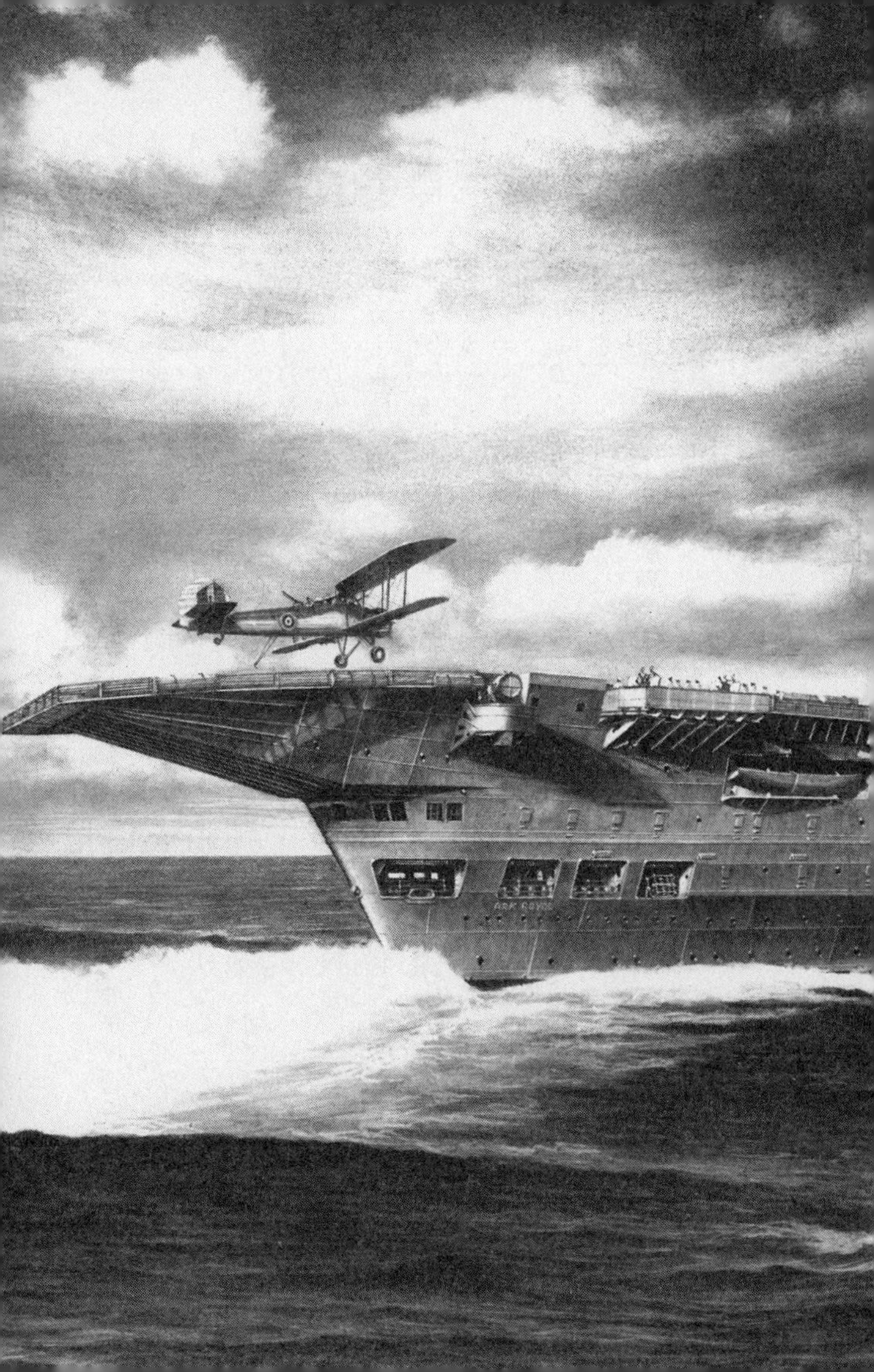

った。まずダカールにはフランス銀行とポーランド亡命政府の金塊が保管されていた。また西アフリカの連合国側の拠点は英領シエラレオネのフリータウンであったが、ダカールはそれより優れた港湾拠点であった。まだフランスの降伏から三ヵ月あまりの時間しか経っていないが、このあたりでド・ゴールとしてはダカールを手土産にして、連合国内での発言力を増やしたいとの思惑があったのである。

しかしダカール政府の反応は、ド・ゴールを失望させた。飛行場に着陸した四名は逮捕され、ダカール防衛の責任者マルセル・ランドロー海軍少将の命令で、交渉団の逮捕が命じられた。ダカールの反応を知った交渉団は急いで退避したが、ランチへの発砲の際にダルジャンリューが負傷している。

午前七時、ランドローは港湾の警戒レベルを上げ、各艦は罐に火を入れて戦闘準備を開始した。ド・ゴールは、自由フランス軍の上陸を認めなければ沖合のイギリス艦隊に攻撃を要請するとの強硬姿勢を示したが、海兵隊を載せて接近する二隻のスループに対して「リシュリュー」は威嚇射撃で応じたため、ド・ゴールは部隊を退避させるほかなかったのである。

ダカール沖海戦の勃発

ダカール政府の強硬姿勢に直面したド＝ゴールは、アンドルー・カニンガム提督に港湾封鎖を要請した。これを受けたカニンガムはダカールを目視できる距離まで艦隊を接近させたが、ゴレ島とマヌエル要塞に据えられた要塞砲から応戦された。カニンガム提督はこの敵対的行動についてダカール政府を非難したが、ダカール当局からは「港湾から半径二〇マイル以内への接近を敵対行動と見なす」と、妥協の余地のない強硬な返答しかなかった。

ここに及び、カニンガムは交渉による解決を断念し、艦隊に攻撃を命じた。戦艦「バーラム」と「レゾリューション」はフランス戦艦を狙ったが、折からの濃霧で観測が十分ではなく、多くは港湾に降り注ぎ、わずかに軽巡「モンカルム」に命中弾が生じたのみであった。

一方、マヌエル砲台の九門の沿岸砲も反撃を開始し、M部隊では駆逐艦「フォーサイト」と「イングルフィールド」が損傷、重巡「デボンシャー」は電源設備が破壊されて、速度が一〇ノットまで低下する大損害を受けて、修理のために戦線離脱を強いられた。

肝心の「リシュリュー」は艦首を北側に向けて停泊していたので、南から迫る英艦隊への砲撃能力が限られていたが、マルザン艦長は艦尾を桟橋から引き離して艦の姿

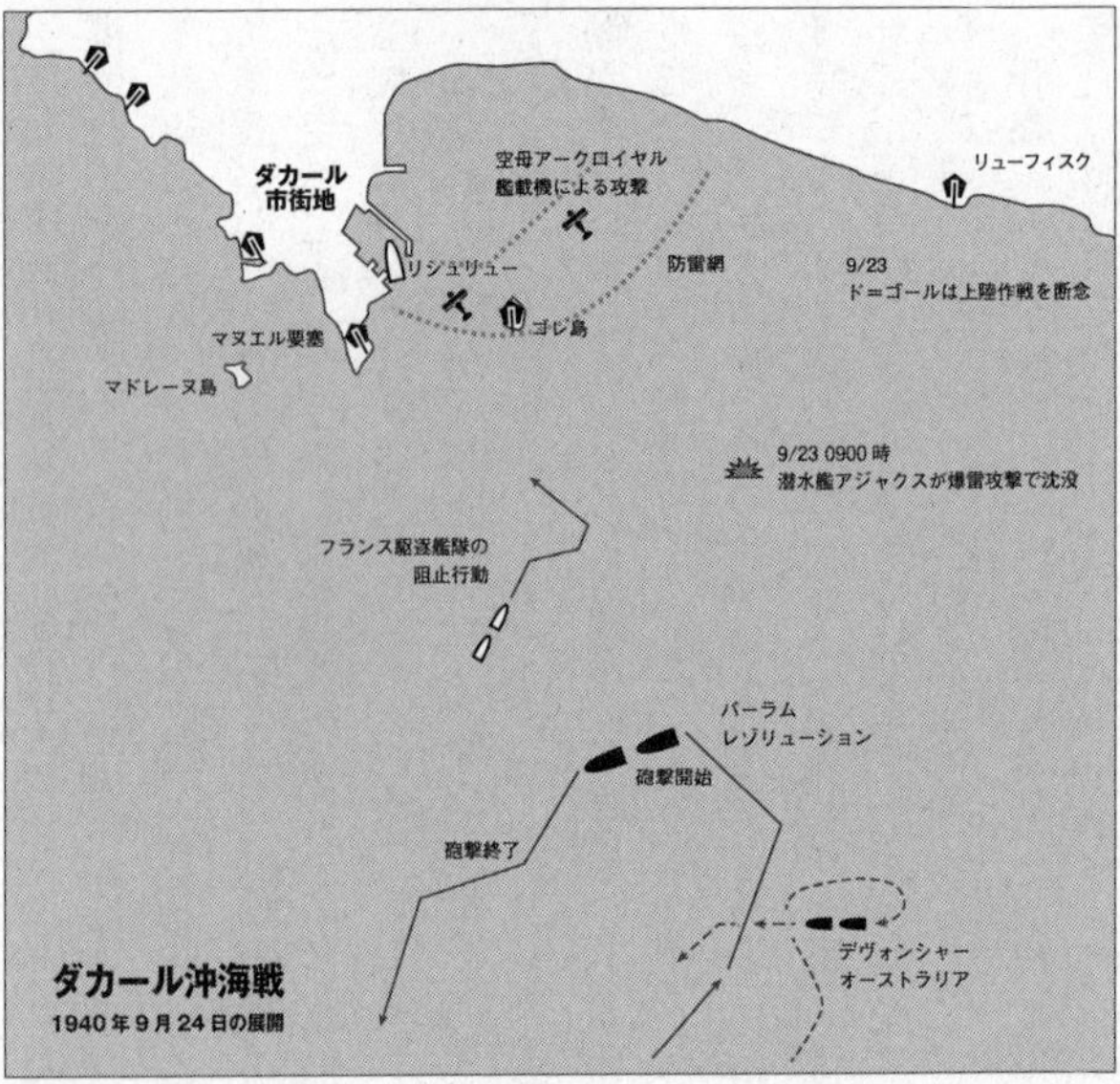

ダカール沖海戦
1940年9月24日の展開

勢を変えることで、一定の射界を得ようと努めていた。

二三日はダカール沖一帯は濃霧が出ていたため、ダカール駐留軍はゴレ島の南方海域の偵察に駆逐艦「ローダシュー」を派遣した。ところが英哨戒機に発見されてしまい、重巡「オーストラリア」を含む小艦隊の襲撃を受けた。この攻撃が艦橋と魚雷発射管に命中し、「ローダシュー」は大破。一五〇名を超える死傷者を出して戦闘不能となり、ダカールから東に二〇キロほどのリューフィスクの海岸に座礁した。

一方、ダカールを直接攻略するのを諦めたイギリス軍は、自由フランス側の申し入れに従い、リューフィスクへの部隊揚陸を試みた。しかし海兵を載せたスループの接近を認めたリューフィスクの守備隊は、倉庫から引っ張り出した旧式砲や機関銃で応戦した。決して上陸できない状況ではないとしても、同胞同士の戦いを避けたいド・ゴールの判断で、この上陸も断念された。

こうして九月二三日の一連の計画が全て失敗すると、ド・ゴールは作戦中止をカニンガム提督に打診した。しかしチャーチル首相はダカール攻略作戦の中止を許さず、ダカール政府に対しては、二四日朝六時までに降伏するよう最後通牒を突きつけたのであった。

イギリス艦隊の総攻撃

西アフリカ総督のピエール・フランソワ・ボワソン中将は、ランドルー提督との協議により、弾薬が尽きるまでは抵抗する方針で一致した。具体的には戦闘能力を残している巡洋艦と駆逐艦を、沿岸要塞砲の射程の中で機動させて、可能な限り敵艦隊を翻弄するものとされた。

九月二四日早朝、前日からの濃霧は幾分か弱まったが、視界は安定しなかった。○

イギリス海軍の空母「アーク・ロイヤル」

六三〇時から断続的に空母「アーク・ロイヤル」搭載機の空襲が始まり、「リシュリュー」には二五〇キロ爆弾が投下されたが、直撃はしなかった。第三波となる攻撃では六機のソードフィッシュが爆撃を試みた。とにかく命中弾を与えて対空防御能力を破壊しようとの狙いであったが、これも外れてしまう。相次ぐ攻撃にフランス側の防空要員は、余裕を持って対処できるようになってお り、終わってみればスキュアとソードフィッシュがそ ぞれ三機ずつ撃墜されていた。

空襲はマヌエル要塞も目標としていた。照準 で沿岸砲の方がダカール攻略では危険視されて あるが、この攻撃も失敗に終わった。

一方、洋上では北向きの進路をとっ 部隊主力がダカールに迫っていたが、その海域は 水艦「アジャクス」の哨戒範囲であった。だが、雷撃を準備していた「アジャクス」は駆逐艦に発見されてしまい、急速潜航の行き脚を止められず、船体を海底にぶつけてしまう。操艦不になった「アジャクス」は、敵駆逐艦に捕捉されたため、総員退艦命令が出され、艦遺棄された。海に投げ出された潜水艦乗員は英駆逐艦に救助された。

間もなくダカールを射程に収めた英戦艦軍と「リシュリュー」の砲戦が始まった。最初に命中弾を出したのは「リシュリュー」であった。艦尾[illegible]り副砲弾が「バーラム」の艦橋基部に近い舷側に命中してバルジに深い傷を[illegible]る。一方、「リシュリュー」の周辺にも一五インチ砲弾が降り注いだが、命[illegible]わずかに非装甲部分を破片が貫通して小破したに留まった。

ダカール湾の外側では、ヴィシー海軍の駆逐艦隊が敵艦隊とダカールの割って入り、猛烈な砲撃を続けながら煙幕を展張したため、戦闘は一事中断

午後になると、英艦隊は位置を変えて港湾内への砲撃を継続した。この砲撃の商船が火災を発した。「リシュリュー」は「バーラム」と撃ち合いになったこでも命中弾は発生しなかった。ただし要塞砲によって「バーラム」は小破し、フ[illegible]ンス側も駆逐艦「ル・マラン」が重巡からの至近弾で舵機が故障して、速度が大幅に低下した。

空母「アーク・ロイヤル」も、午前中に受けた艦上機群の損害を立て直し、雷撃機

九機を投入して膠着状況を打開しようとした。しかしフランス側は空襲への対処に充分に慣れており、対空射撃によってさらに二機が撃墜されて、空襲の戦果は上がらなかった。欧州の諸海戦で赫々たる戦果を上げる古豪のソードフィッシュ雷撃機であるが、奇襲効果が失われ、入念に準備されている防空陣地で活躍できるような機体ではなかったのである。

三日目に突入したダカール沖海戦

九月二四日夕方、「バーラム」に置かれたM部隊の司令部では、カニンガムやド
ゴールなど首脳部を交えての最終協議がもたれた。再度、リューフィスクへの
陸作戦が検討されたが、ダカールのヴィシー艦隊の戦意が高い現状では危険
の意見で一致した。ド＝ゴールはこれ以上の同朋との争いは無意味と判断
フランス軍としての作戦の中止を訴えたが、チャーチルがいまだに強行
いなかったので、カニンガムの判断により、もう一日だけ作戦の継続
分機能し
一方ダカールの状況も逼迫していた。「リシュリュー」では第二
た。もっとも
なくなったため、砲操作員を全員一番砲塔にまわさねばならなか
度も砲撃を実施
発射薬が二四射撃分しか残っていないので大差はないが、七月

リベンジ級戦艦「レゾリューション」

していない砲塔に依存しなければならない点が不安材料であった。また巡洋艦隊と らも弾薬が底をつき始め、駆逐艦砲台は健在なが 不調を抱えていた。そこで二五日いずれも機関に内に煙幕を張って「リシュリュー」駆逐艦が湾る、防御主体の方針が決まったので 確保す

九月二五日、視界コンディションは ールから約四〇キロの距離で英戦艦群の 認されるほどであった。「リシュリュー」 砲塔を限界となる一二〇度まで旋回させて ム」を捕らえ、艦尾の副砲群は「レゾリュ ン」を指向していた。〇八三〇時には「バーラ から弾着観測機のウォーラス水上機が飛び立ち、 ランス側では応戦準備が整っていた。

こうしてダカール沖海戦のクライマックスとなる、戦艦同士の砲撃戦が発生したのであった。

戦艦「レゾリューション」被雷

九月二十三日から始まったイギリスとの交戦により、ダカール政府の姿勢は硬化していた。総督のピエール・フランソワ・ボワソン中将はダカールの街頭に自ら赴き、防御戦の陣頭指揮を執り、守備兵を鼓舞していた。

だが、戦いの舞台は空と海であった。英艦隊からはウォーラス水上機が発進し、これをソードフィッシュとスキュアが護衛する。要塞砲の射程内では作戦できず、遠距離砲戦となるので、観測機の情報が不可欠であったのだ。しかしカーチス・ホーク戦闘機を擁するヴィシー・フランス空軍のほうが優勢であったため、上空の戦いはリス劣勢で推移した。

前日の砲撃戦で戦艦「バーラム」は損傷していたため、カニンガム提督はヴォンシャー」に旗艦を移し、重巡「オーストラリア」とともに行動し九時、M部隊の戦艦部隊がダカール湾枢要部に約二万二〇〇〇メートた頃、フランスの側でも駆逐艦「ル・アルディ」と数隻のモーターボー張り、M部隊からダカールの市街と港湾を隠した。

九時四分に「リシュリュー」は二番砲塔のうち二門を使ってしたが、これは目

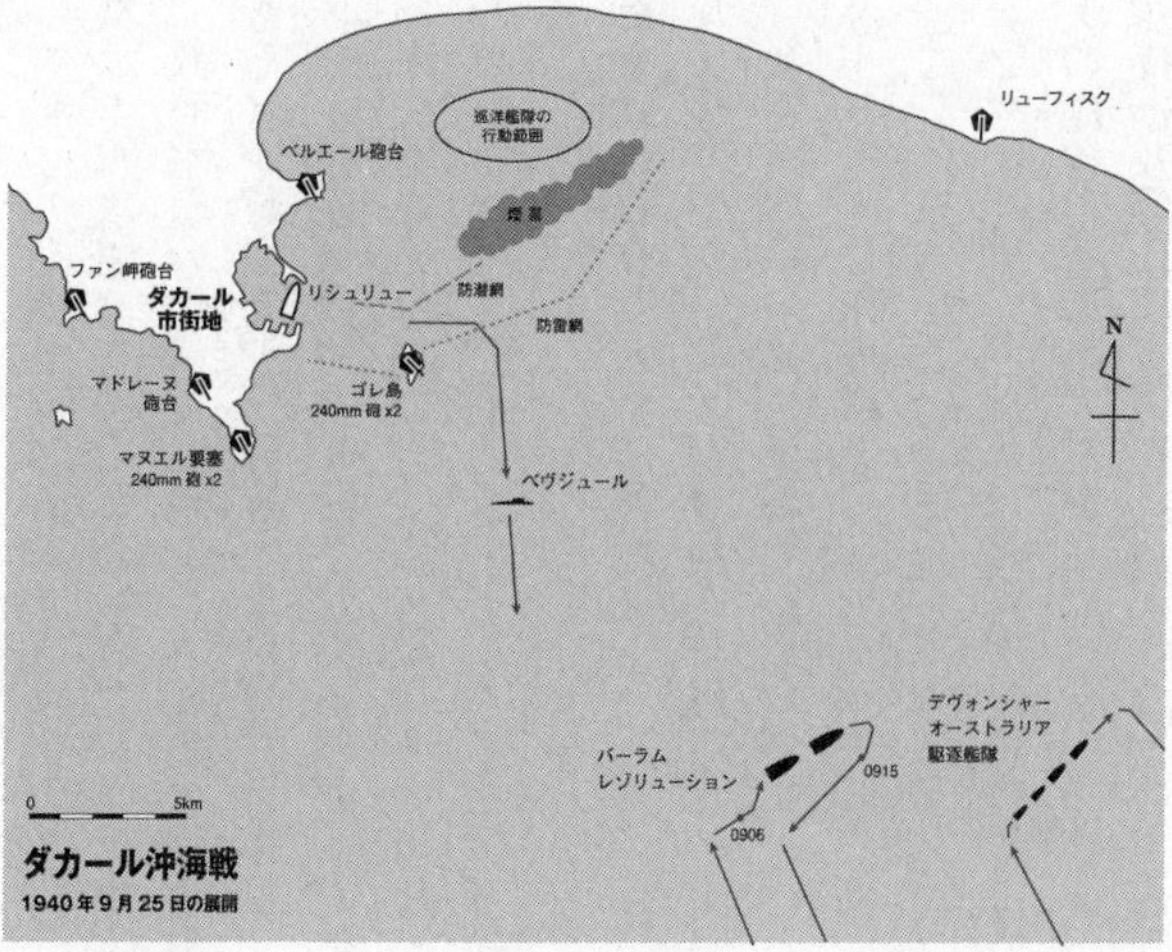

ダカール沖海戦
1940年9月25日の展開

標を大きく外れていた。一方、巡洋艦隊も湾内を航行しながらイギリスの巡洋艦隊を狙って砲撃。ゴレ島の要塞砲も加わって砲撃戦は激しさを増していた。

だが、午前九時を少し回った頃、適切な射撃位置を求めて右舷回頭をした英艦隊を別の衝撃が襲う。付近に潜伏していた仏潜水艦「ベヴジュール」が、この回頭によって絶好の射点を得ると、二五〇〇メートルの距離から四本の魚雷を発射したのである。雷跡をいち早く発見した哨戒機からの通報に寄り、「バーラム」は面舵一杯で回避に成功したが、「レゾリューション」はかわしきれず、左舷中央付近に一本が命中してしまう。

ダカール攻略の支援を命じられたカニンガム提督が当初からもっとも恐れていたのが、敵潜水艦の伏撃であった。本拠地の地中海ではない不慣れな海域での作戦で、しかもそれが敵主要港湾付近となれば、防衛側にとっては好条件しかない。果たしてカニンガムの危惧は的中したわけであるが、左舷側ボイラー室が浸水し、艦は傾斜して主砲が使えなくなった。さらに別のボイラー室でも火災が発生したので、注水で対処しなければならず、「レゾリューション」の速度は一二ノットに低下したのであった。

中止を強いられたメナス作戦

「レゾリューション」が戦場を離脱したのを見て、カニンガムは作戦中断を決意したが、戦闘自体はすぐには終わらない。

「バーラム」は敵艦隊まで二万メートルを切ったあたりから砲撃を開始し、間もなく「リシュリュー」を挟叉した。一方「リシュリュー」の側では、即製の装薬と照準装置がマッチせず、主砲はほとんど役に立たなかった。やがて火力を補っていた艦尾側中央の副砲七番砲塔が沈黙した。

九時一五分にはついに「バーラム」の主砲弾が右舷側、主装甲帯のやや上に命中して食堂を中心に広く上部構造を破壊した。運良く死傷者は出なかったものの、この衝撃で命中箇所付近の装甲帯が二〇センチほど歪んでしまった。だが、巡洋艦「オーストラリア」のウォーラス偵察機が撃墜され、状況が不明な英艦隊は、九時二五分に戦闘を中止して退避したのである。

湾内の「リシュリュー」の脅威度は低下し、巡洋艦隊も健全であったため、カニンガムには作戦の継続も可能ではあった。だが二万メートルよりダカールに近づけば、ゴレ島の要塞砲の射程に入ってしまう。要塞との砲撃戦、しかも遠距離砲戦では艦隊側に勝ち目はない。ダカールのフランス軍が抵抗の姿勢を鮮明にしている以上、作戦を強行しても、ド・ゴールが謳った作戦の成功は望み得なかった。旗艦「デヴォンシャー」も二〇〇発以上の主砲弾を撃ちながら、命中はまったく得られない。巡洋艦隊には現状を打開する力がないと、カニンガムは判断した。

安全な海域まで退避すると、カニンガムは「バーラム」に「レゾリューション」の曳航を命じ、九月二九日にようやくフリータウンに到着。ここで応急処置を済ませると、今度はケープタウンまで曳航されて、ようやく本格的な修理が受けられた。

こうしてダカール沖海戦は終了した。この中止はカニンガムの独断ではなかった。イギリス本国でも予想以上に長期化しているダカール攻略戦を懸念する声が高まり、

メナス作戦中に仏潜「ベヴジュール」に雷撃された戦艦「レゾリューション」(後方)を曳航するための準備作業中の戦艦「バーラム(手前)」〔鉛筆画：菅野泰紀〕

ヴィシー・フランスと全面戦争となるのを恐れていたのである。実際、ダカールの報復として、北アフリカのフランス空軍機がジブラルタルを空襲していた。九月二四日には五〇機、二五日には一〇〇機が襲来して、合計四五〇発の爆弾を港湾に落としていたのだ。ほとんどは主要施設を外れたが、これ以上、対フランス戦の矢面にイギリスが立つのは危険と判断するしかない。メル・セル・ケビルの決断を強く支持した英国世論も、メナス作戦は誤判断だとしてチャーチルを批判する声が強くなっていた。事態が収拾不能になる前に、チャーチルも作戦中止を決断したのである。

ド・ゴールは、ダカールの態度についてショックを受け、見通しの甘さを認めざを得なかった。カニンガムの離脱を止める力はなく、単独で事態を打開する代案限もないのを受け入れたド・ゴールは、同士討ちを避けるとの名分で、作戦意したのである。こうしてダカールと仏領西アフリカはヴィシー政権に委であった。

満身創痍の「リシュリュー」

ダカール沖海戦でイギリスを退けたヴィシー・フランスである地ダカールの損害も大きかった。兵士三〇〇名が死傷し、住民にもほぼ同数の牲者が生じていたからだ。市域の損害も無視できないが、ダカール沖海戦では、艇では駆逐艦「ローダシュー」が大破座礁、潜水艦二隻が撃沈された。「リシュリュー」も主砲塔の大半が機能を失い、危険な状態にあ。事なのは第六主砲だけであり、他の主砲は悉く爆発事故を起こして二番砲塔で無いたのである。結局、三日間の戦いを通じて「リシュリュー」が放能になって発に過ぎなかった。「リシュリュー」の物理的な損害は軽微であったが、問題はダカールの弾は一四的な修理が望めないことであった。前部ボイラー室の吸気口の破損でさえ厚の鉄板を貼り付けただけの応急しかできなかった。広範囲に及んだ「バー本一五インチ砲弾による損害については、戦闘力には直接影響しないと見なされ放置されるような状況であったのだ。

もっとも、真っ先に着手すべきは七月八日に命中した航空魚雷による損害の回復あった。この浸水を止めなければ、港外に出すこともできないからだ。

修理は「メナス作戦」による混乱が落ち着いた一〇月から本格化した。最初に造船所で製造されていた鋼鉄プレートで損傷部分を塞ごうとしたが、これは失敗した。水密性が十分に確保できず、艦内の海水をくみ出しきれなかったのだ。

メナス作戦後のダカール港の様子。右舷後部の破孔を塞ぐためにコファーダムを設けて応急修理を行なう「リシュリュー」（右）を望みながら、出港する軽巡「モンカルム」（左）
〔鉛筆画：菅野泰紀〕

一方、ダカールを直接攻略するのを諦めたイギリス軍は、自由フランス側の申し入れに従い、リューフィスクへの部隊揚陸を試みた。しかし海兵を載せたスループの接近を認めたリューフィスクの守備隊は、倉庫から引っ張り出した旧式砲や機関銃で応戦した。決して上陸できない状況ではないとしても、同胞同士の交戦を避けたいド＝ゴールの判断で、この上陸も断念された。

こうして九月二三日の一連の計画が全て失敗すると、ド・ゴールはメナス作戦の中止をカニンガム提督に打診した。しかしチャーチル首相はダカール攻略の中止を許さず、ダカール政府に対しては、二四日朝六時までに降伏するよう最後通牒が発せられたのであった。

イギリス艦隊の総攻撃

西アフリカ総督のピエール・フランソワ・ボワソン中将は、ランドルー提督との協議により、弾薬が尽きるまでは抵抗する方針で一致した。具体的には戦闘能力を残している巡洋艦と駆逐艦を、沿岸要塞砲の射程の中で機動させて、可能な限り敵艦隊を翻弄するものとされた。

九月二四日早朝、前日からの濃霧は幾分か弱まったが、視界は安定しなかった。〇

イギリス海軍の空母「アーク・ロイヤル」

六三〇時から断続的に空母「アーク・ロイヤル」搭載機の空襲が始まり、「リシュリュー」には二五〇キロ爆弾が投下されたが、直撃はしなかった。第三波となる攻撃では六機のソードフィッシュが爆撃を試みた。とにかく命中弾を与えて対空防御能力を破壊しようとの狙いであったが、これも外れてしまう。相次ぐ攻撃にフランス側の防空要員は、余裕を持って対処できるようになっており、終わってみればスキュアとソードフィッシュがそれぞれ三機ずつ撃墜されていた。

空襲はマヌエル要塞も目標としていた。照準が正確な沿岸砲の方がダカール攻略では危険視されていたためであるが、この攻撃も失敗に終わった。

一方、洋上では北向きの進路をとったM部隊主力がダカールに迫っていたが、その海域は仏潜水艦「アジャクス」の哨戒範囲であった。だが、雷撃を準備していた「アジャクス」は駆逐艦に発見されてしまい、急速潜航

トゥーロンから招聘された技師は、修理にケーソン、つまり囲い堰の構造を援用した。雷撃により生じた歪みの部分全体を外側からすっぽりとケーシングで覆い、船体とケーシングの結合部には木枠にサイザル麻を詰めたキャンバス地の浮き袋を詰め込んでまずは水密を確保。ケーシングの肋材は鋼鉄製の内張ですっぽりと覆われていたので、このケーシング自体がバラストタンクのように機能する。ケーシング内部の海水量はポンプで調整できるようになっていた。このケーシングのサイズは、最大幅が一三メートル、上下が一二メートルもあった。

浸水防止工事は一二月中旬に完了したが、今度は適切な排水ポンプが見当たらず、当時からしても七〇年も昔に作られたイギリス製ポンプを改造して凌いだのである。そのような努力もあって、ようやく「リシュリュー」は排水を終えることができた。次には艦内の各所に生じていた亀裂の処理だが、これも溶接資材や工作機械が不足したため、場所によってはセメントで応急しなければならなかった。

ヴィシー・フランス海軍は「リシュリュー」を可能な限り完全に近い状態に修理しよう取り組んでいた。しかしドイツは浮動砲台程度の用途に止めようとして、フランスの要求に首を縦に振らなかった。損傷した砲やシャフトの交換までは認めず、主機主缶の修理にも制約を課したのである。

それでも一九四二年四月には船体修理が完了、シャフトも動くようになって、ケーシングも撤去された。ボイラーも一定出力で稼働するようになり、試運転を兼ねた外洋航行も可能となった。誤爆に備えて、二番砲塔の上にはトリコロールの識別バンドが描かれた。夏には本国からロワール一三〇水上機が飛来して、カタパルトからの射出試験にも成功している。

もっとも、目立った動きをして、またイギリスの関心を引いては本末転倒である。結局「リシュリュー」は、主砲を外洋に向けた状態で繋止され、浮動砲台にしておくしかなかった。この間に連合軍がダカールに関心を示さなかったのは「リシュリュー」にとっては幸運であった。しかし、周辺の思惑はいずれにしても、「リシュリュー」が置かれた環境を考えれば、ダカールでこの新鋭戦艦を稼働状態にまで持って行ったヴィシー海軍の努力が並大抵ではなかったのがわかるだろう。

「リシュリュー」の主砲事故調査

ダカール沖海戦の後始末を進める傍らで、フランス海軍は別の問題に取り組まねばならなかった。「リシュリュー」の二番砲塔が九月の一連の戦いで役に立たず、故障を発した件である。

戦闘による損害であれば被害調査で事足りるが、ほとんどは射撃中のトラブルに起因して使用不能になっている。フランス新鋭戦艦の主砲システムに重大な欠陥が生じている可能性がある以上、海軍として調査は必須であった。

戦闘中に使用不能となった二番砲塔の第五、第七、第八主砲では、いずれも砲の内部での爆発で砲尾が破壊されていた。腔発、日本海軍式には膅発と呼ばれる事故である。砲身基部のジャケットがまるで卵を押し込んだように不自然に膨らんで破壊されていた状態から、発射の引き金を引いた瞬間に、砲の内部で砲弾が爆発を起こしたのは一目で分かる。

やがて主砲弾の構造に問題があることが判明した。装薬が燃焼したときの圧力により、砲弾底部のシーリングが破れて連鎖的に破損箇所が広がり、高熱を帯びた破片が信管を直撃して腔発を引き起こしたと結論づけられたのだ。

本来、三八センチ砲の主砲弾は、SD21という指定火薬を使った装薬の燃焼ガス圧には充分堪えるように設計されていた。しかし砲塔内の温度が摂氏四〇度を超えてしまう熱帯の環境では、試算より大きな爆発時の圧力が生じ、スクリュー式のシーリングの品質強度を上回っていたことが判明した。

実際、九月二四日の戦闘で早々に事故を起こした主砲は、いずれもSD21装薬を使用しており、無事だった主砲では、燃焼力が低いSD19火薬を使った代用品を使っていた。ただしSD19火薬の場合は砲弾に充分なエネルギーが与えられず、計算された砲口初速よりも大幅に下回ってしまう。当然、射撃管制装置との誤差も大きいため、実戦では使いものにならなかった。本来であれば公試で判明する不具合であるが、急いで就役した弊害が実戦の最中に認められたのであった。

砲弾の問題は設計変更によって解決したが、すでに配備されている既存の砲弾についてはシーリングを補強した上で、念のために装薬量を減らして初速を落とす対応となったのである。

明暗分かれたリシュリュー級戦艦

アメリカに回航された「リシュリュー」

イギリスと自由フランスが合同した「メナス作戦」が失敗に終わった後、ダカールをめぐる情勢は沈静化した。港湾を偵察する連合軍機を対空砲で撃退するくらいで、「リシュリュー」にとっては比較的平穏な時間が続いていたのである。

しかし一九四二年一一月八日、米英連合軍が「トーチ作戦」を発動して、北アフリカのヴィシー・フランス領に侵攻すると状況は一変する。

ドイツ軍ばかりか、ヴィシー政府もこの上陸侵攻をまったく予想していなかった。ところが、先にも少し触れたが、フランス全軍の司令官であり海軍大臣も兼務していたフランソワ・ダルランが、連合軍上陸時にアルジェリアに居合わせていたのである。ポリオの治療でアルジェにいた息子を見舞っていた偶然であったのだが、この思いがけない事態に直面したダルランは、ペタンから内諾を得て、現地で連合軍と交渉に当たることとなった。北アフリカのフランス植民地軍はダルランの命令によって戦闘を中止したので、ほとんど犠牲を生じず、一一日までに連合軍は占領を終えることができた。

これを知ったヒトラーは、当然激怒した。ダルランがアルジェにいたのは偶然であると、ヴィシー政府は必死に説明を試みた。しかしヒトラーはこれを茶番として取り合わず、フランス全土の軍事的制圧を命じたのである。こうして北アフリカのヴィシー軍の戦闘停止とほぼ同時に、ドイツ軍第一軍と第七軍が国境から南下を開始。最終目標は海軍の拠点であるトゥーロンであった。この顛末はダンケルク級戦艦の戦歴の最後で触れた。

フランス海軍のラ・ガリソニエール級軽巡洋艦「モンカルム」(写真左。写真右はアメリカ重巡洋艦「デ・モイン」＝戦後撮影)

ヴィシー政府はドイツの動きを休戦協定違反であると非難したが、軍事的な抵抗はしなかった。それでもヒトラーの狙いがトゥーロンの海軍艦艇であるのは明らかであったため、一一月二七日にトゥーロンが陥落すると同時に、軍港内の全艦艇は自沈した。戦艦「ダンケルク」「ストラスブール」「プロヴァンス」も含まれている。

このような事態の推移の中で、ダルランは北アフリカおよびダカールの海軍艦艇に対して、連合軍への投降を許可したのであった。そして、これを入れた連合国ではフランス海軍艦艇を預かって補修、改修工事を施した後に、戦列に復帰させようとしたのである。

これを受けた米海軍はフランス海軍の代表者と協議して、アメリカに回航して修理すべき艦艇の優先順位を検討した。「リシュリュー」はその筆頭であり、一九四三年一月下旬には、実に二年ぶりに洋上試運転を実施して機械類の作動状況が確認された。そして一月三〇日に、同じく補修対象となった軽巡「モンカルム」とともに、アメリカに向かって出港した。

大西洋上で両艦は一四ノットで航行したが、「リシュリュー」は雷撃を受けた部分の応急修理で船体がゆがんでいたので、終始、当て舵をしながらの航行となった。そして二月一一日にニューヨークのハドソン川に到達、ブルックリン橋をくぐるためにマストの一部を撤去した「リシュリュー」は、ブルックリン海軍工廠の第五ドックに入渠したのである。

「リシュリュー」の補修工事

「リシュリュー」の修復作業は二月二四日に始まった。この修理のために集められた二〇〇〇名の工員には、二四時間体制の三班編成で五ヵ月間の工事日程とする契約が結ばれていた。

ニューヨーク港に到着した戦艦「リシュリュー」

最初に着手されたのは船体の回復である。錆び取り作業では、破損部を除けばほとんど建造時の状態を保っており、関係者を驚かせた。ダカールで「リシュリュー」がいかに丁寧に扱われていたか窺える。破損部の装甲はすべて撤去されて、新しい部材と交換された。主装甲の修理は三〇メートルを超える範囲の大がかりな交換作業となるが、シャフトの座屈は予想以上にひどかったため、ベツレヘム・スチールにシャフトとブラケットを別注しなければならなかった。

この修理には「リシュリュー」の近代化も含まれていた。戦争が始まって三年以上、また対日戦も佳境であったが、この間、戦艦の主任務は敵戦艦との砲撃戦ではなく、対空プラットホームに変化していた。これにあわせて「リシュリュー」はカタパルトと水上機用の設備をすべて撤去し、格納庫は対空装備用弾薬庫と乗員スペースに換えられた。

主機主缶も徹底的に改修された。各種の配管はすべて交換対象となり、タービンはオーバーホール整備された。既存の電気ケーブルもほとんどが交換、電気制御盤も一新されてアメリカ式となり、ジャイロコンパスもスペリー社製の最新型が据えられたのである。

主砲弾の確保と対空兵装の強化

船体、船内の基本的な修理と改装が終わると、今度は砲熕兵器の番となる。最大の問題は主砲の弾薬である。三八センチ主砲弾の在庫は限られている上に、実戦用砲弾ばかりであるため、訓練に使用すると砲身の摩滅が加速してしまう。そこで「リシュリュー」専用の対艦用徹甲弾と演習弾をクルーシブル・スチール製造所に特注することとした。同社で製造されたアメリカ製主砲弾は、一九四三年五月から順次納入された。

ダカール沖海戦では三ヵ所の副砲が破損したが、砲座周辺には異常がなかったので、そのまま同型艦「ジャン・バール」から撤去した副砲塔と交換された。この副砲は口径一五二ミリ、すなわち六インチなので、米軽巡が使用している主砲弾と互換性があり、フランス砲の特性にあわせた小改修だけで砲弾の製造が可能であった。とりわけ対空対物共用弾については性能も良好であったため、後にフランス海軍で四三年式榴弾として制式化されて、戦後も長く使われることとなった。

以上のハードウェアは重労働ながら、比較的単純な作業で済んだものの、砲熕兵器廻りは未完成、あるいは建造時の慣熟が充分でなかった装置が多く、揚弾機や装填メカニズムについてはかなりの手を加えなければならなかった。

1943年8月、改修工事完了直前の戦艦「リシュリュー」

対空兵装については、既存の一〇〇ミリ高角砲はそのまま残されたが、量、質ともに不足しているのは明らかであるため、口径四〇ミリの四連装ボフォース対空機関砲が追加された。配置箇所は二番砲塔両側の予備デッキに二基、前部と後部のマストに各四基、そして航空機用カタパルトを撤去してできた艦尾のスペースに四基、合計一四基追加された。

このボフォースは公試で良好な評価を得たが、「リシュリュー」自体が対空戦闘を意識したレイアウトになっていないため弾薬補給に不備があり、一部の砲では継続的な戦闘が困難であることが判明した。結果、即応弾薬が上甲板のあちこちに積み上げられてしまったが、案の定、爆発事故を起こしたため、各機銃座に防弾用スクリーンを追加しなければならなかった。また近距離用の対空火器として、エリコン製の二〇ミリ単装機銃を五〇基追加した。

このようにして各種工事を終えた「リシュリュー」の基準排水量は約四万四〇〇〇トンまで増加したが、一九四三年九月二六日から始まった公試では、二六・五ノットの六時間巡航に耐え、最終的に三一・五ノットで三〇分航行する公試をこなして、工事の正しさを証明したのであった。

「リシュリュー」をめぐる不協和音

工業大国アメリカの協力により、約半年の工事で戦闘力を獲得した「リシュリュー」であるが、そもそも連合軍はどのように使うつもりであったのだろうか。

この戦艦の戦力化を強く望んだのは、自由フランス政府とイギリスであった。自由フランスの動機はわかりやすい。ダンケルク級二隻がトゥーロンで失われ、「ジャン・バール」は未完のまま放置されている現状、「リシュリュー」はフランス唯一の近代的な戦艦であると同時に、自由フランスの威信がかかった政治的な存在となっていた。

イギリスもこの戦艦を切実に必要としていた。「トーチ作戦」の時点で、イギリスはドイツの戦艦「ティルピッツ」をはじめとする有力な水上打撃艦隊と対峙し、インド洋方面では日本軍を相手に二戦艦を失って敗退。地中海ではイタリア海軍がリットリオ級戦艦の三番艦「ローマ」を竣工させつつあった。

このような戦況の中、イギリス海軍には新鋭戦艦と呼べるのは四隻のキング・ジョージV世級しかなかった。ライオン級戦艦の建造はキャンセルされており、代替の戦艦もないことから、自由フランス海軍の所属とは言え、「リシュリュー」が戦列に加わるのを渇望していたのである。

ところが、肝心のアメリカは「リシュリュー」の戦力化に前向きではなかった。戦艦の再整備となれば大型ドックを空けて、多数の工員を確保しなければならず、それほどの労力をかけるほどの価値を、戦艦に認めていなかったのである。アメリカは一九四二年までに、ノースカロライナ級二隻とサウスダコタ級戦艦四隻を竣工させていた。この六隻の戦艦の完成により、真珠湾攻撃で受けた損害は回復していた。しかし対日戦を通じて戦艦の役割は防空プラットホームとして空母や輸送船の護衛に留まり、コストと釣り合わない実態に直面していたのである。イギリスがそれほど戦艦を必要なのであれば、本国艦隊に新造艦の一部を貸与する案も出されるほどであった。

しかし、これもアメリカの本音ではない。米政府は長らくヴィシー政権をフランス政治における本流と見なして外交関係を維持しており、自由フランスとド・ゴールの性格を必ずしも好意的には見ていなかった。政戦略的に見れば、ソ連を屈服させられなかった時点でヒトラーの敗北は既定路線である。したがって戦後の枠組みは米ソとイギリスによって決められる見通しが立っていた。その文脈において、アジア、太平洋方面に欧州の老大国がいつまでも植民地帝国を維持している状態を、アメリカは嫌っていた。日本軍の電撃的侵攻により、太平洋の植民地帝国はほぼ瓦解している。これは戦後のアメリカが環太平洋地域全般の自立を進め、自国に有利な市場に変えるチャンスでもあった。以上の文脈から、「強いフランス」、すなわち植民地帝国の復活を目指すド・ゴールの軍事力強化に手を貸すのをためらったのである。

「リシュリュー」の再就役

アメリカが上記のような考えを元に具体的に行動するのは一九四四年以降であるが、自由フランスに対する微妙な距離感は「リシュリュー」の改修の細部にも窺える。

例えば、新たに装備されたＳＡ２対空捜索レーダーとＳＦ水上捜索レーダーは、いずれも頑丈で信頼性の高さでは定評がある。しかしどちらも駆逐艦や魚雷艇に搭載するようにできていたので、戦艦で使用するには探知距離が短すぎた。結果「リシュリュー」は単独では行動しにくく、常に友軍艦艇の庇護下になければならなかった。

これは修理中から分かっていた欠点であったが、アメリカとしては、最新型のレーダー装置までフランスに与える義理を感じていなかったのである。後に「リシュリュー」を引き取った自由フランス軍が最初にしたのは、イギリス海軍に働きかけてキング・ジョージV世級と同等のレーダー設備に換装することであった。イギリス側も「リシュリュー」を自国艦隊に編入して運用する以上、電子戦装置の性能を自国の主力艦艇と同等に引き上げる必要があった。

このように「リシュリュー」もまた、他の多くの戦艦のように、「政治」とは無縁でいられなかったが、一九四三年一〇月一〇日に工事は完了して、無事、自由フランス海軍に引き渡された。

満載排水量が約四万八〇〇〇トンに迫る船には、艦長以下八六名の士官と二八七名の下士官、そして一五五七名の兵士が乗り組んでいた。最初の就役で予定されていた人数から三〇〇人以上増えているのは、主に対空兵器と各種レーダー、射撃管制装置の要員を確保するためである。乗員の多くは北アフリカからアメリカに運ばれて、訓練を重ねていた。

「リシュリュー」は二隻の米駆逐艦の護衛を受け、北アフリカを目指した。あいにくの荒天続きであったが、外洋で二四ノットに増速した「リシュリュー」は、単独で大西洋を横断してアゾレス諸島に到着。フランス海軍の「ル・ファンタスク」と「ル・テリブル」と会同を果たした。そしてイギリス駆逐艦の先導により進路を北に向けると、ジブラルタル海峡を通過して、今や自由フランス海軍の拠点となったメル・セル・ケビル軍港を目指したのである。こうして新生「リシュリュー」の戦いが始まる。だがその前に、もう一隻の姉妹艦「ジャン・バール」の経過を見ておきたい。

戦艦「ジャン・バール」の建造

リシュリュー級戦艦の二番艦「ジャン・バール」は、一九三六年一二月一二日にサン＝ナゼールのロワール造船所にて起工された。ここはリシュリュー級建造のために用意された造船ドックであり、「ジャン・バール要塞」との愛称で関係者に親しまれていた。実際「ジャン・バール」とは一七世紀の太陽王ルイ一四世の時代に、私掠船を率いて活躍したフランス海軍提督に由来する命名である。海賊船の巣穴としてはぴったりの命名だ。

しかし「ジャン・バール」の建造は決して順調ではなく、第二次世界大戦の勃発で泊車がかけられて、ようやく一九四〇年三月六日に進水した状態であった。ドイツの西方侵攻が始まる二ヵ月前である。この時点で船が完成するのは一九四一年末と見積もられていた。しかしアルデンヌ森林地帯でドイツ軍装甲部隊に戦線を突破されて、フランスの敗勢が必至になると、「ジャン・バール」は出港準備が最優先されて、工事計画は中断された。

六月一一日、海軍は「ジャン・バール」艦長のロナルク大佐に、北アフリカ植民地モロッコのカサブランカに向かうよう命じた。だが、この時点では航海用の艤装は不十分であり、ロワール河の河口に接する水路の浚渫も済んでいなかった。

すでに「ジャン・バール」の建造には三五〇〇名もの工員が集められ、突貫工事でボイラーとタービンが設置された。それでもプロペラのシャフト取り付けが完了したのは六月七日であった。そして出港命令の翌日からボイラーの燃焼試験と並行してアンカーやウインチ、二重底の水密検査が行なわれた。

六月一九日未明、漸く出港準備を終えた「ジャン・バール」は、三隻のタグボートに曳かれながら艤装岸壁を離れ、難所の水路に向かった。浚渫はいまだ完全ではなく、艦首が座礁、その反動で水路から外れてプロペラの一部を破損する事故を起こしてしまう。しかし四時四五分に機関を始動すると、ついに外洋に向けて動き出した。

ほぼ同じタイミングでドイツ空軍のハインケルHe111爆撃機三機が現われ、上空一〇〇〇メートルから爆弾を投下。五〇キロ爆弾が主砲塔の間の甲板に命中したが、実害はほとんどなく、一二ノットに速度を上げた「ジャン・バール」は外洋に逃れたのである。

途中、二隻の駆逐艦と合流したが、その直後に姿を見せた英駆逐艦「ヴァンキッシャー」は、「ジャン・バール」に対して、イギリスのクライドに向かうよう要請した。当然、これを断った仏艦隊は進路を南に向けたのであった。この時、機関の故障に悩まされたものの、乗船していた造船所の作業員が修復に努めて艦隊は航行を継続。六月二二日の夕方、「ジャン・バール」はカサブランカに到着して、外港に投錨したのであった。

カサブランカの防備状況

航行艤装工事を優先した結果、カサブランカに到着した「ジャン・バール」はほとんど武装を欠いていた。一番主砲塔はホイストと装填機構が未装着であり、射撃方位盤をはじめとする測的機器や装置も備わっていなかった。二番主砲塔に関してはフレームしか完成していない。

高角砲も正規の装備は間に合わず、サン＝ナゼールでかき集めた二門の九〇ミリ砲を艦首側にボルト止めした他は、三門の三七ミリ対空砲と数挺の対空機銃を各所にまばらに配置したに留まった。

そのような状態でカサブランカに到着した「ジャン・バール」について、現地当局はこの船に防衛戦力としての期待を寄せていなかった。それどころか港湾の防空強化のため、船から高角砲と対空砲をすべて撤去して要所に移設し、「ジャン・バール」に残されたのは、前部マストに機銃四挺だけとなったのである。

七月上旬にメル・セル・ケビルやダカールがイギリスの攻撃を受けると、カサブランカも警戒を強いられる。しかし資材も何もかもが足りない状況でできることはなく、「ジャン・バール」では空洞のままの砲塔基部にコンクリートを流し込んで応急とし、船内の七割のコンパートメントをあらかじめ封鎖して浸水に備え、浅瀬に移動して沈没に備えたのであった。

フランスがヴィシー政権に移行した後のアフリカ植民地の状況は、カサブランカもダカールと似たり寄ったりであった。しかし一応は竣工していた「リシュリュー」と違い、「ジャン・バール」の場合、本国の工業力でなければ解決できない部材が多すぎて、浮き砲台以上の役割は期待できなかったのである。

アメリカ海軍のノーザプトン級重巡洋艦「オーガスタ」

トーチ作戦と「ジャン・バール」

連合軍による北アフリカのフランス植民地に対する上陸作戦「トーチ作戦」は、一九四二年一一月八日に始まった。モロッコとアルジェリアの三ヵ所への同時強襲上陸作戦であったが、モロッコの攻略はヘンリー・ケント・ヒューイット少将の西方任務部隊が担当。カサブランカへの攻撃は少将自身が重巡「オーガスタ」に座乗して指揮を執る第三四・九任務群が中心となった。洋上打撃戦力の主力は二隻の空母が搭載するF4Fワイルドキャット戦闘機八三機と、ドーントレス急降下爆撃機一八機、アヴェンジャー雷撃機九機であった。他に支援艦隊として重巡一隻、軽巡二隻、駆逐艦一五隻、油槽船一隻がいて、兵員約二万を載せた輸送船一五隻を援護していた。

北アフリカのフランス軍は、上陸してくる連合軍に

アメリカ海軍のサウスダコタ級戦艦「マサチューセッツ」

対して形ばかりの抵抗しか示さないというのが、連合軍の見立てであった。実際、メル・セル・ケビルやダカールのいきさつから、イギリスへの反感や不信感は拭えないにしても、アメリカとヴィシー政権との関係は悪くはなかったからだ。

それでも軍事は別問題であり、カサブランカ港の守りは堅牢であった。港の西側、エル・ハンクに据えられた一九四ミリ沿岸砲台のほか、軽巡洋艦「プリモゲ」と新旧七隻の駆逐艦隊に加えて、三個潜水艦分隊も配備されていた。加えて戦闘力は未知数ながら戦艦「ジャン・バール」も在泊している。

これらの艦隊と上陸船団の正面衝突は絶対に避けなければならないので、上陸作戦はカサブランカの北方約三〇キロにあるフェダラで実施された。そして万一の敵艦隊出現に備えて、第三四・一任務群の戦艦「マサチューセッツ」と、重巡二隻、駆逐艦四隻が護衛に付いたのである。

一方、ヴィシー軍では、連合軍の北アフリカ上陸の兆候が各方面で警告されていたにもかかわらず、カサブランカに警戒態勢は敷かれなかった。結果、強力な米艦隊を発見したのは、上陸当日となる一一月八日の早朝、ポルト・リャウティーを発したマーティン爆撃機であった。

このような完全な奇襲にも関わらず、カサブランカの仏艦隊の対応は素早かったが、それでも最初の駆逐艦が出港したときには、すでにカサブランカへの砲撃から三〇分以上が経過していた。

米艦隊の攻撃は執拗かつ徹底していた。ドーントレス急降下爆撃機の五〇〇ポンド爆弾による直接攻撃に加えて、観測機の誘導により「マサチューセッツ」や重巡が港内を砲撃。エル・ハンクの沿岸砲台には、重巡「ウィチタ」が対処していた。急降下爆撃は正確で、まだ出航できずにいた潜水艦三隻と駆逐艦二隻があっけなく撃沈され、七時一八分には「ジャン・バール」にも二発が命中して、若干の浸水を生じさせてい

カサブランカ沖海戦の参加戦力

アメリカ（水上戦闘艦艇のみ）

第34.1任務群：ロバート・C・ギッフェン少将
　　戦艦：マサチューセッツ
　　重巡洋艦：ウィチタ、タスカルーサ
　　駆逐艦：4隻

第34.9任務群
　　重巡洋艦：オーガスタ（任務部隊旗艦）
　軽巡洋艦：ブルックリン
　駆逐艦：10隻

第34.2任務群
　空母：レンジャー、スワニー
　軽巡洋艦：クリーブランド
　駆逐艦：5隻

フランス

戦艦：ジャン・バール

第2軽艦隊（レイモン・ド・ラフォンド少将）
　軽巡洋艦：プリモゲ
　大型駆逐艦：ミラン、アルバトロス、ル・マラン
　駆逐艦：ラルション、フグー、フロンデュール、ブーロネー、
　　ブレストア、タンペート、シムーン
　潜水艦：11隻
　その他補助艦艇

る。

「ジャン・バール」も米巡洋艦が二万二〇〇〇メートルまで接近したところで主砲四発で反撃したが、命中は確認できず、間もなく敵巡洋艦隊は煙幕で見えなくなった。これを見た「マサチューセッツ」は目標を「ジャン・バール」に変更、七時二五分には一六イ

ンチ砲弾がシェルターデッキに命中し、副砲弾庫で爆発したが、空室になっていたため、被害の拡大は抑えられた。

以後、三五分間の砲撃戦で七発の命中弾を受けた「ジャン・バール」の各所では、様々な損傷が発生した。しかし装甲を貫通したのは最初の一発だけであった。一番砲塔はこの日の午後のうちには復旧し、九〇ミリ砲も軽微な損害で済んでいたため、翌日には上陸して海岸沿いの道路を進む米軍歩兵部隊を攻撃している。米艦隊では大型主力艦の主砲弾が底を突き、ダカールから「リシュリュー」が出撃してくる可能性も考慮して、翌九日のカサブランカへの攻撃は見送られた。

一〇日にはヒューイット提督が座乗する重巡「オーガスタ」が一万六〇〇〇メートルまで接近したが、「ジャン・バール」は主砲でこれに応じ、連装状態で撃った最後の三連射は「オーガスタ」を挟叉している。ヒューイットは敵の抵抗力に驚愕し、航空攻撃に切り替えて応じたが、今回使用したのは一〇〇〇ポンド爆弾であった。この攻撃では二発が「ジャン・バール」に命中し、キャプスタン付近に命中した一弾は周辺を吹き飛ばして、メインデッキに大きな歪みを生じさせた。さらに二発目は右舷カタパルト付近に命中、上甲板がめくれ上がってクォーターデッキに折り返されるような大損害であったため、最初の調査では二発の爆弾が同一ヵ所に命中したものと評価

1942年11月8日、カサブランカ沖から港内の戦艦「ジャン・バール」へ向け砲撃を行なう戦艦「マサチューセッツ」〔鉛筆画：菅野泰紀〕

1942年11月8日、カサブランカで米海軍の砲爆撃により損傷した戦艦「ジャン・バール」

された。
浸水は機関部に及び、「ジャン・バール」の艦尾が着底した。電源も大半が失われ、かろうじて使用できるのは非常用ディーゼル発電機のみであった。三日間の戦いで「ジャン・バール」では乗員二二名が死亡し、主砲弾二五発を消費した。敵に与えた損害はなく、出港も不可能であったが、電源が回復すれば主砲の一部は使用可能であった。

「ジャン・バール」の第二次世界大戦

一一月一〇日夕方、フランソワ

・ダルラン元帥の停戦命令により「ジャン・バール」の戦いは終わった。カサブランカでは翌日から「ジャン・バール」をはじめとする艦隊の再建が急がれた。

実質的に連合軍に降った形になるフランス側では、一九四三年にはこれ以上の自力での修復や性能向上が見込めないため、「ジャン・バール」をアメリカに移送して改修したいと希望した。四月一五日にフランス海軍代表団は「ジャン・バール」の損害状況をアメリカに提出した。しかし米軍側は難色を示したので、取り急ぎカサブランカで航行可能状態にした上で、改修内容に関しては継続協議となった。

フランスの海軍再建中央委員会はアメリカの造船所への要求を最小限に留めつつ、能力を向上させる目的で設計案をまとめ、主砲については、一番砲塔を「リシュリュー」の予備部材として残すために撤去して、代わりに戦艦「ロレーヌ」の三四〇ミリ主砲塔を代用する計画であった。

交渉の間、仏海軍は「ジャン・バール」を航行可能状態にするために努力を惜しまず、カサブランカの工員も戦艦の復旧に注力していた。その努力が実り、九月一五日にはカサブランカ沖で洋上試験が実施できた。米仏の五隻の駆逐艦に護衛されての航行試験では、船体が大きく歪み、船底の付着生物も除去されていない状態であったにもかかわらず、二二・五ノットを発揮している。

この間、仏海軍は大西洋を渡らず、ジブラルタルでの改修作業の可能性も探っていた。しかしジブラルタルには十分な余裕がないため、実現しなかった。結局、「ジャン・バール」は練習艦として使用されながら、ブレスト港が開放された一九四四年九月にようやくフランスに帰還し、ドック内で終戦を迎えたのであった。

第四章　新しいフランスの旗の下で

自由フランス海軍の戦艦となる

新生「リシュリュー」の戦い

護衛の米駆逐艦二隻と別れた「リシュリュー」は、今や自由フランス海軍の拠点となったメル・セル・ケビルに入港した。ここで再整備を受けた後に、ジョン・カニンガム提督が指揮する英海軍地中海艦隊に配属される予定となっていた。しかし一九四三年九月にイタリアが降伏したことで、計画が変更された。「リシュリュー」は十一月十四日にスカパ・フローに向かい、そこでレーダー装備を交換しながら、新たな任務に備えて待機することになったのだ。

1943 年、改修工事完了後の試運転中の戦艦
「リシュリュー」〔鉛筆画：菅野泰紀〕

一一月二四日に英海軍本国艦隊司令長官ブルース・フレーザー提督の視察を受けた「リシュリュー」は、他の本国艦隊の戦艦群とともに集中的な整備を受けた。この時、六週間の時間をかけて搭載されたのが最新の二八四型火器管制レーダー装置で、好条件の元ならば三〇キロ先の敵艦艇を捜索できた。

アメリカに発注していた主砲弾の到着は一九四四年二月の予定であったので、それまでの間に対空戦闘を中心に訓練を重ねたが、要約充分なバックアップを得られるようになった「リシュリュー」の戦闘力は目に見えて向上していた。

こうして「リシュリュー」が戦力化を急いでいた一二月二六日に発生した北岬沖海戦で、「デューク・オブ・ヨーク」がレーダー射撃を駆使して敵戦艦「シャルンホルスト」を撃沈していた。この戦果は喜ばしいものであったが、復仇の機会を得られないフランス海軍将兵はいらだちを募らせていた。

結果として、スカパ・フローで「リシュリュー」が参加した作戦は一九四四年二月一〇日に始まった「ポストホルン（郵便ラッパ）作戦」のみとなった。これはノルウェー北部のドイツ軍を攻撃して、このエリアに逼塞している敵重巡部隊を引きずり出すというものであった。他の参加艦艇は戦艦「アンソン」と空母「フューリアス」である。戦隊はスカパ・フローを出て北上し、二月十一日未明に作戦開始海域にて「フユーリアス」からバラクーダ爆撃機とシーファイア戦闘機、各一〇機が出撃した。この攻撃では三〇〇〇トン相当の貨物船など各種船舶を沈めたが、肝心の敵艦隊の出動はなく、「リシュリュー」には会敵の機会がなかった。

　ロサイスで休息を取った後、二月下旬にも「リシュリュー」は同様の作戦に参加する予定であった。しかし参加駆逐艦の衝突事故や悪天候で延期が続き、作戦は中止されたのであった。

東洋艦隊への編入

一九四四年三月、連合軍は戦況を再評価して、主力艦艇の配置を見直した。水上部隊の最大の脅威である「ティルピッツ」は前年九月に小型潜水艦「Xクラフト」の攻撃で受けた損害から回復しつつあった。しかし、それでも戦艦五隻をスカパ・フローに貼り付けておくのは過剰戦力ということで意見は一致し、スカパ・フローの戦艦は三隻に減らされた。この時、二隻のネルソン級戦艦はノルマンディー上陸作戦の砲撃支援に向けて準備中であり、「リシュリュー」も当初はこれに参加するものとされた。だが主砲弾が徹甲弾ばかりであったため、これも参加は見送られた。

最終的に、「リシュリュー」の派遣海域はインド洋となった。トリンコマリーを拠

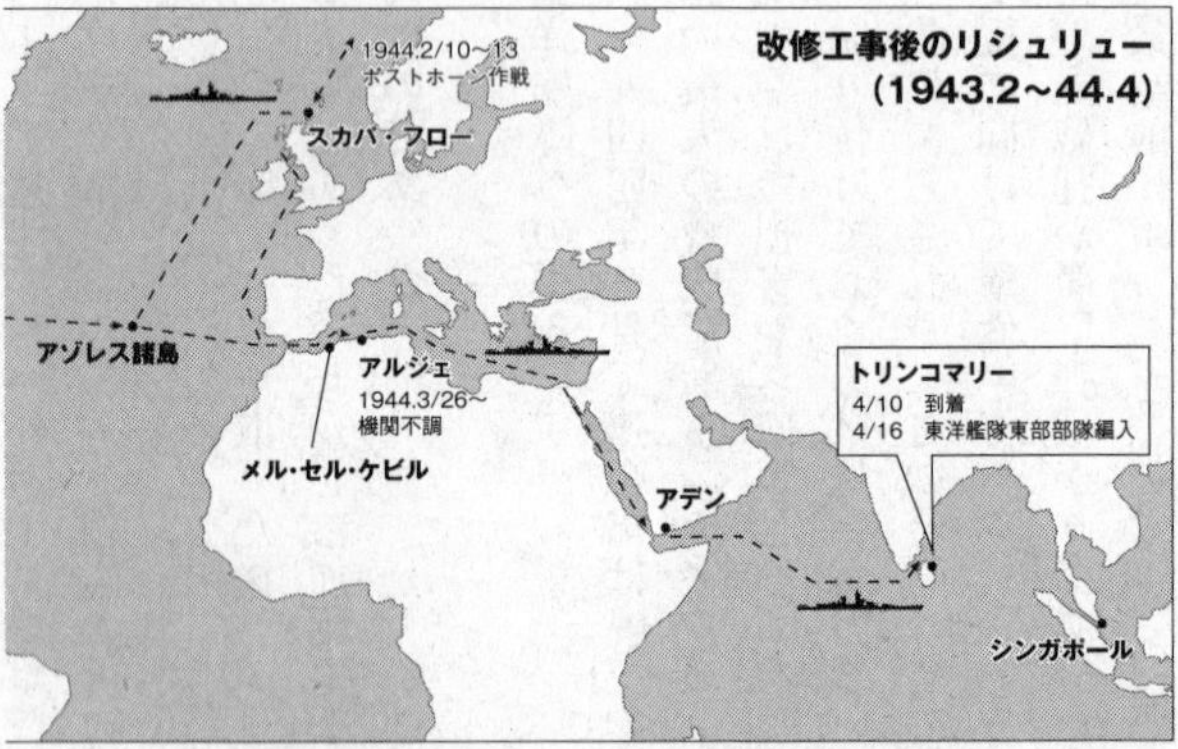

改修工事後のリシュリュー
(1943.2～44.4)

点とするイギリスの東洋艦隊を増強するのである。この時期、日本海軍は機動部隊の再建に邁進していたが、米海軍は日本の有力な水上打撃部隊がシンガポールに集中していると考えていた。そこで米海軍艦隊司令長官兼作戦部長のアーネスト・キング提督の要請で、「リシュリュー」は英東洋艦隊に合流することとなったのである。

三月一五日、「リシュリュー」はグラスゴーの湾口にあるグリーノックで燃料と弾薬を受領すると、英駆逐艦の護衛とともに南下してジブラルタルを通過し、三月二六日に、自由フランス政府の臨時の首都になっていたアルジェに到着した。ここで一旦休養に入ると、スエズ運河に向かったが、この航海の途中で「リシュリュー」のボイラーが不調を見せ始めた。ボイラー

〈作図：宮永忠将〉

内に空気を送る送風機が壊れ、不完全燃焼を起こしがちになったのだ。排煙は黒くよどみ、配管や導路が煤だらけになる。スエズ運河を抜けて寄港したアデンで配管は修理できたが、南国の気候も相まって、二六ノットを超えると深刻なオーバーヒートが発生してしまうのであった。このトラブルは「リシュリュー」を慢性的に苦しめることとなる。

四月一〇日、「リシュリュー」はスリランカのトリンコマリーに到着した。そこでは英戦艦「レナウン」、「ヴァリアント」、「クイーン・エリザベス」、空母「イラストリアス」、そして米空母の「サラトガ」が停泊していた。英東洋艦隊の空母不足を補うために、米海軍は「サラトガ」を貸与していたのである。時期としてはまだマリアナ沖海戦の前であり、日本海軍が必死で機動部隊の再建に努めていた時期であった。それでもエセックス級空母が続々と就役しつつある状況下であり、旧式化していた「サラトガ」の貸与は、アメリカにとって負担ではなかったのである。

アジアでの新しい任務

「リシュリュー」が到着してから一週間、イギリス艦艇群との艦隊行動が可能になったと判断した東洋艦隊司令長官のジェームズ・サマーヴィル提督は、いよいよ日本軍への反撃を開始した。最初の狙いは、敵艦艇や拠点に対する攻撃である。目標はプラウェ島の港町サバンとなった。ここはスマトラ島の北端にある小島で、マラッカ海峡の北の出入り口を監視する拠点となっていた。サバンはトリンコマリーから約一七〇〇キロメートルの位置にあるため、大型主力艦であれば作戦は可能であったが、艦隊にはタンカーが随伴する大がかりな作戦となった。

「コクピット作戦」と名付けられたサバン襲撃に際して、サマーヴィルは戦艦「レナウン」を旗艦とする機動部隊であるアーサー・パワー中将の第七〇部隊と、戦艦「クイーン・エリザベス」「ヴァリアント」、そして「リシュリュー」を擁する、直率の第六九部隊を投入した。

一九四四年四月一九日未明、空母「イラストリアス」(バラクーダ爆撃機一七機、F4Uコルセア一三機)と「サラトガ」(SBDドーントレス、TBFアヴェンジャー計二九機、F6Fヘルキャット二四機)の攻撃隊は完璧な奇襲に成功した。日本側からの迎撃機が皆無な状況で、空襲部隊はサバン港と飛行場の破壊に成功する。日本軍は死者約三〇名、航空機一四機のほか、特設運送船「国津丸」を喪失し、大型石油貯蔵タンクも破壊された。

日本軍も、攻撃終了後に散発的な反撃を試みて、コタラジャから艦攻隊六機が迎撃に向かった。「リシュリュー」は一〇〇ミリ高角砲と四〇ミリのボフォースで防空戦闘に参加している。戦果はなかったが、期待通りに持ち場で防空火力を発揮した「リシュリュー」の働きに、サマーヴィルも安堵したと伝わっている。

イギリス海軍の空母「イラストリアス」。飛行甲板に装甲を施した重防御空母であった

「コクピット作戦」は再編なった東洋艦隊の肩慣らしであると同時に、アメリカ軍が予定していたニューギニア方面、ホーランディア攻略作戦の牽制という狙いがあった。だが、サバンの港湾施設と船舶が悉く失われた結果、ビルマ戦線における日本軍の補給を困難にし、アラカン方面での攻勢継続を困難にする副産物をもたらしたのである。

スラバヤ方面での機動空襲

トリンコマリーに帰還した「リシュリュー」は、それまでのアメリカ海軍型標準塗装に替えて、砲塔と後部マストはミディアムグレー、前部マストはライトグレーを基調とした英海軍式に再塗装された。しかしデッキはブルーのまま手を加えられなかった。

塗装と整備を終えた「リシュリュー」は次の作戦にも投入された。米軍がマリアナ諸島方面に主攻をかけるのに呼応して、五月のうちに、東洋艦隊はジャワ島東部の主要軍港であるスラバヤに陽動攻撃を仕掛けることとなったのである。

スラバヤは日本軍の石油精製拠点であり、南方の軍事作戦を支える策源地であった。ここを攻撃することで、日本軍の継戦能力に直接のダメージを与えると同時に、シンガポールの日本軍を掣肘し、マリアナ方面への防御戦力の集中を阻害できる可能性が高まる。しかし、トリンコマリーからスラバヤは直線でも四〇〇〇キロを超える距離があり、しかも日本軍勢力圏をある程度迂回しなければならない。このため、五日間で完了した「コックピット作戦」より補給の難易度は高く、スラバヤ襲撃──「トランザム作戦」の作戦期間は三週間と見積もられた。

五月七日、攻撃部隊はトリンコマリーを出港した。今回も機動部隊と戦艦支援部隊

イギリス海軍の戦艦「クイーン・エリザベス」。近代化改装後、キング・ジョージV世級戦艦に類似した箱型艦橋となった

を主軸とする二個艦隊編制であり、これとは別にタンカー六隻などの支援部隊が、すでにオーストラリア北西のエクスマウス湾を目指して先行していた。

五月一五日、オーストラリア北部の所定海域で給油を終えたトランザム作戦参加艦隊は、スラバヤ沖に向けて移動、五月一七日未明にまず「イラストリアス」のアヴェンジャーが二〇機と、コルセアが一五機、「サラトガ」からはドーントレス二九機と、ヘルキャット二五機が出撃した。この攻撃で、日本軍は各種航空機約二〇機を喪失し、掃海艇や駆潜艇など七隻が撃沈破された。施設の被害も甚大で、製油所も破壊されている。

この攻撃で日本軍はインド洋方面からの機動部隊の襲撃に対処できない状況を認めて、この方面から大幅に航空戦力を引き抜く決断をしている。こうしてインド洋方面の安全性は格段に強化されたのであった。

今回も「リシュリュー」の実戦参加はなかったが、往路と復路で随伴駆逐艦に燃料を補給したにもかかわらず、帰投時の残燃料が半分を超えていたという。同じ条件の「クイーン・エリザベス」と「ヴァリアント」は残燃料が二割であったとのこと。また洋上給油では「リシュリュー」はアメリカ式の横曳き給油を実行できた。これはイギリス伝統の縦曳き方式より作業が早く、現場では重宝されたという。

「トランザム作戦」を終えた艦隊は休養に入り、「リシュリュー」は「クイーン・エリザベス」と駆逐艦隊をともないコロンボに移動したが、この時に東南アジア地域連合国総司令官であるルイス・マウントバッテンの公式訪問を受けている。

「リシュリュー」も交えた艦砲射撃

一九四四年六月六日、連合軍は北フランスのノルマンディー海岸で上陸作戦を成功させた。ついにヨーロッパに第二戦線が構築されたのである。この知らせを聞いた「リシュリュー」の乗組員たちは、祖国解放の任務に就きたいと熱望したが、彼女は引き続き、極東方面での作戦を継続することになる。

今度の作戦は、ベンガル湾に浮かぶアンダマン諸島の中心地、ポートブレアの日本軍基地への襲撃である。この「ペダル作戦」への参加兵力は、これまでに比べると小規模で、空母「イラストリアス」と、これを護衛する「リシュリュー」「レナウン」、軽巡四隻、駆逐艦八隻で構成された。

この第六〇部隊を指揮するのはアーサー・パワー提督で、六月一九日にトリンコマリーを出港した部隊では、駆逐艦隊が前衛となって哨戒線を作りつつ、アンダマン諸島西方沖に展開すると、二一日未明にバラクーダ一五機と、コルセア一四機が出撃して攻撃が始まった。

もっとも、先の「トランザム作戦」に懲りた日本軍は、既述のようにインド洋方面の戦力を薄くしていたので、アンダマン諸島には航空機は配備されていなかった。攻撃対象になったのはもっぱらダミー航空機や偽のレーダー基地であり、日本軍の戦死傷者も一一名に留まっている（ただし現地住民に多大な被害が出た）。

これまでの「リシュリュー」が参加した一連の作戦は、成功と評価される一方で、日本軍機の積極的反撃がないことがサマーヴィルには不満であった。そこで次の作戦では、戦艦部隊が目標まで接近し、空母は艦隊の上空掩護と索敵に回る展開とした。敵拠点への一過性の空襲ではなく、艦砲射撃によって飛行場や港湾施設を徹底的に破壊し、逼塞している敵を確実にあぶり出して、敵戦力を根こそぎにするのが目的であった。

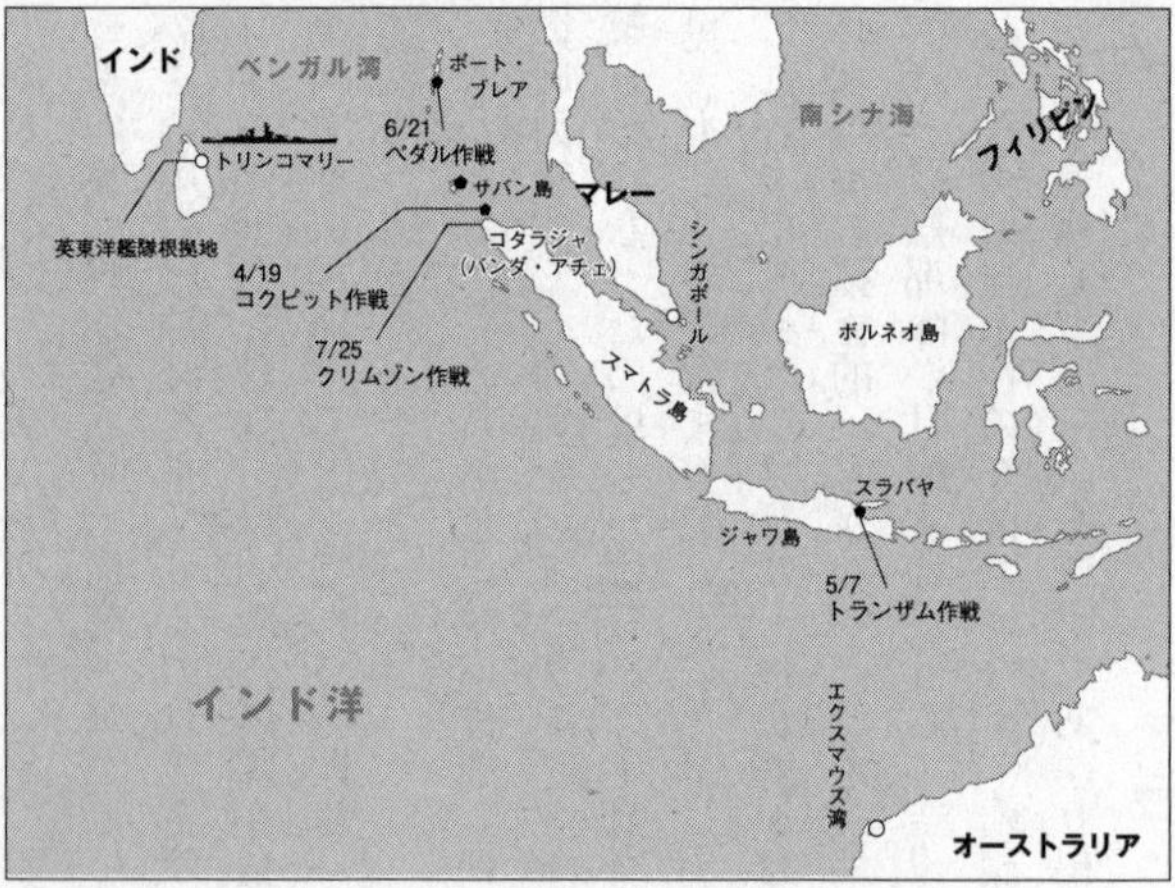

■クリムゾン作戦参加艦艇（1944,7/25）

航空母艦	ヴィクトリアス、イラストリアス
戦艦	リシュリュー(仏)、クイーン・エリザベス、ヴァリアント
巡洋戦艦	レナウン
巡洋艦	カンバーランド、セイロン、ガンビア、ナイジェリア、トロンプ(蘭)
駆逐艦	10隻

アメリカ軍がグアムとテニアンを攻略している最中に発動した、この「クリムゾン作戦」の最初の目標は、再びマラッカ海峡北辺を扼する要衝サバンとなった。今度の主力は「リシュリュー」「クイーン・エリザベス」「レナウン」「ヴァリアント」の三隻の戦艦であり、これを「イラストリアス」「ヴィクトリアス」の二隻の空母が掩護する。「サラト

ガ」は米軍側に戻り、七月七日には「ヴィクトリアス」が加わっていた。艦隊編成が終わると、七月いっぱいをかけて、対地艦砲射撃の訓練が入念になされた。

七月二二日に出撃した艦隊は、二五日にプラウェ島沖に展開すると、まず艦載機が艦隊上空で警戒に努め、戦艦部隊は島の北西に展開、巡洋艦、駆逐艦部隊はこれと分離してサバンに肉薄する航路をとった。〇六五四時、最初に砲撃の口火を切ったのは「クイーン・エリザベス」であった。以下、戦艦群は海岸から一〇キロ以内の近距離にいて、友軍機の観測支援を得ながら砲撃戦に参加した。

「リシュリュー」の四連装砲塔は、左右に二門ずつの交互射撃でサバンを襲い、港湾施設だけでなく、発電所も砲撃した。二〇分余りの砲撃時間の間に、八一発の三八〇ミリ主砲弾を発射している。

また日本軍の一二〇ミリ沿岸砲台との砲撃戦で苦戦していた前衛部隊のオランダ海軍軽巡「トロンプ」を支援するため、左舷と中央の一五二ミリ副砲塔が応射して、これを沈黙させている。

クリムゾン作戦は、軽巡「トロンプ」が嚮導する駆逐艦隊による港湾への肉薄砲撃が攻撃の主体であったので、戦艦からの艦砲射撃は派手ではあるものの、あくまで支援であった。この役割を「リシュリュー」はよく果たしていたと言えるが、子細に見

クリムゾン作戦中の巡洋戦艦「レナウン」、戦艦「ヴァリアント」（背景右）、戦艦「リシュリュー」（背景中央）〔鉛筆画：菅野泰紀〕

ると問題も多かった。その一つが装薬の質であった。この時「リシュリュー」が積んでいた装薬のうち、四分の三がアメリカ製火薬ないし、ダンケルク級の三三〇ミリ主砲弾用装薬（SD19）であった。ダカール沖の経験から、「リシュリュー」の主砲にはSD19が力不足であるのが分かっていたが、アメリカ製の装薬は「リシュリュー」の装填機構との馴染みが悪く、袋が破れて砲弾トレイに火薬が散乱するような事故もあったため、引き続き、SD19を使用していた。「リシュリュー」用のSD21装薬は可能な限り温存されていたのである。

また、使用された砲弾は榴弾ではなく徹甲弾であった。「リシュリュー」用の三八〇ミリ榴弾はイギリスで完成待ちの状態であり、徹甲弾しか在庫がなかったのだ。これはコンクリート製の構造物には絶大な威力を見せたが、軟弱目標には不発弾が多く、翌年にサバンに連合軍が上陸した際は、多数の「リシュリュー」の主砲弾が不発状態で発見されている。ちなみにイギリスに発注された榴弾は、OEA Mle 1945として、戦後にも在庫として使われ続けたのであった。

欧州に帰還する「リシュリュー」

七月下旬、サマーヴィルは体調悪化を理由に前線を退き、パワー提督が東洋艦隊司令長官となった。だがパワーの見立てでは、「リシュリュー」は吃水下の汚れもあって速力が落ち、ボイラーも不調であったため戦力外と判断され、本格的な整備のために北アフリカのアルジェ港に退くことになった。

九月六日、アデンに向けて出港した「リシュリュー」は、三隻の駆逐艦の護衛を受けてインド洋を横断し、スエズ運河を通過すると、今度は駆逐艦「ル・テリブル」と「ル・ファンタスク」の護衛を受けて、一三日にアルジェに到着した。

そこから、解放されたばかりの南仏、トゥーロン港に到着した。メインマストに五二メートルのペナントを掲揚しての入港となった。これは五二ヵ月ぶりの本国帰還を示す演出であった。もっとも、トゥーロンは空襲やドイツ軍の破壊で使い物にならず、結局、モロッコのカサブランカに移ることになってしまう。

一〇月一〇日、引き続き二隻の駆逐艦にエスコートされてカサブランカに到着した「リシュリュー」は、港湾内で「ジャン・バール」のマストを目にすることになる。「ジャン・バール」は、健全なボイラーと主砲の一部を、アメリカで修理していた「リシュリュー」に譲ったまま、船体が浮いているだけの状態であった。それでも、ブレストとサン＝ナゼール、別々の場所で第二次世界大戦を迎えた姉妹は、ついにカサブランカで舳先を並べることとなったのである。

「リシュリュー」の再改装

カサブランカに到着した「リシュリュー」には、早速レーダー装備の強化と換装工事が施された。前部マストに最新の二八一B型対空捜索レーダー、水上捜索用にはアメリカ製のSG－1レーダーをそれぞれ搭載している。また二八五P型射撃管制レーダーと、二基の対空射撃用の自動弾幕ユニットも設置された。ABUと呼ばれる自動弾幕ユニットは、三〇〇〇メートル以内の雷撃機、緩降下爆撃機、水平爆撃機の予測進路上に一五二ミリ砲の弾幕を展開する能力があった。また、インド・太平洋方面では贅沢な装備であったが、独空軍のフリッツXやHs二九三誘導滑空弾などの対艦攻撃兵器に備えて、FVIジャマーとイギリスの最新型HF／DF（短波方向探知機）が装備された。

イギリスに発注した特殊ケーブルは到着が遅れ、「リシュリュー」の電子装備品の換装は遅れ気味であったが、それでも一九四五年二月一日までに作業は終了。東洋艦隊に復帰して、満身創痍の「レナウン」と交替した。またこの時に「リシュリュー」は乗組員の約六割を入れ替えている。その多くが海軍経験一年未満の新兵であったが、「リシュリュー」での勤務を通じて、復興フランス海軍の核となることが期待されていたのである。

こうして「リシュリュー」は再びインド洋に向かったが、その背後では政治取引もあった。フランス政府は、稼働していたル・ファンタスク級駆逐艦と巡洋艦、各四隻を戦艦に帯同させて派遣したいと希望した。この艦隊を実質五年間放置されていた仏印や太平洋方面の植民地の権益を取り戻す足場にしたかったのだ。しかしこの主張はアメリカに退けられた。アーネスト・キングの言葉を借りれば、「太平洋に艦隊を展開するのであれば、兵站も自給自足であるべき」だというのがアメリカの態度であったが、これはまだ対日作戦が継続している最中に政治的野心を優先したフランスに不快感を表明したものであると言えよう。結局、「リシュリュー」はイギリス東洋艦隊の一部として配備され、仏艦隊派遣は見送られたのであった。

一月二五日にジブラルタルで機械点検を受けた「リシュリュー」は、メル・セル・ケビルにて集中訓練を実施した後、三月二〇日にトリンコマリーに到着した。

この時期、イギリス艦隊は戦艦「キングジョージV世」と「ハウ」、空母四隻を中核とする太平洋艦隊がシドニーに停泊し、トリンコマリーには東インド諸島艦隊（東洋艦隊から改称）の二つが展開していた。後者は旧式戦艦の「クイーン・エリザベス」「レナウン」の他に、巡洋艦九隻、駆逐艦二〇隻、護衛空母一〇隻、潜水艦三〇隻を擁する規模であったが、この時、シンガポールの日本艦隊には、損傷した巡洋艦四隻の他は、数隻の駆逐艦が残っているだけであった。

インド洋を疾駆するフランス戦艦

「リシュリュー」は砲熕兵器やレーダーの操作訓練に従事したが、四月八日に、復帰最初の任務として「サンフィッシュ作戦」に参加した。スマトラ島のサバンおよびパダンへの砲爆撃が任務であるが、実の目的は同年秋に予定されているマレー半島上陸作戦の準備として、半島南部に集中的に実施する航空偵察作戦の欺瞞である。

艦砲射撃の主力は「クイーン・エリザベス」と「リシュリュー」であり、これに重巡二隻と護衛空母二隻、駆逐艦五隻が帯同していた。また護衛空母「エンペラー」には写真偵察機型のＦ６Ｆヘルキャットが搭載されていた。

作戦は四月一一日未明、戦艦部隊が距離一万七〇〇〇メートルからサバンを艦

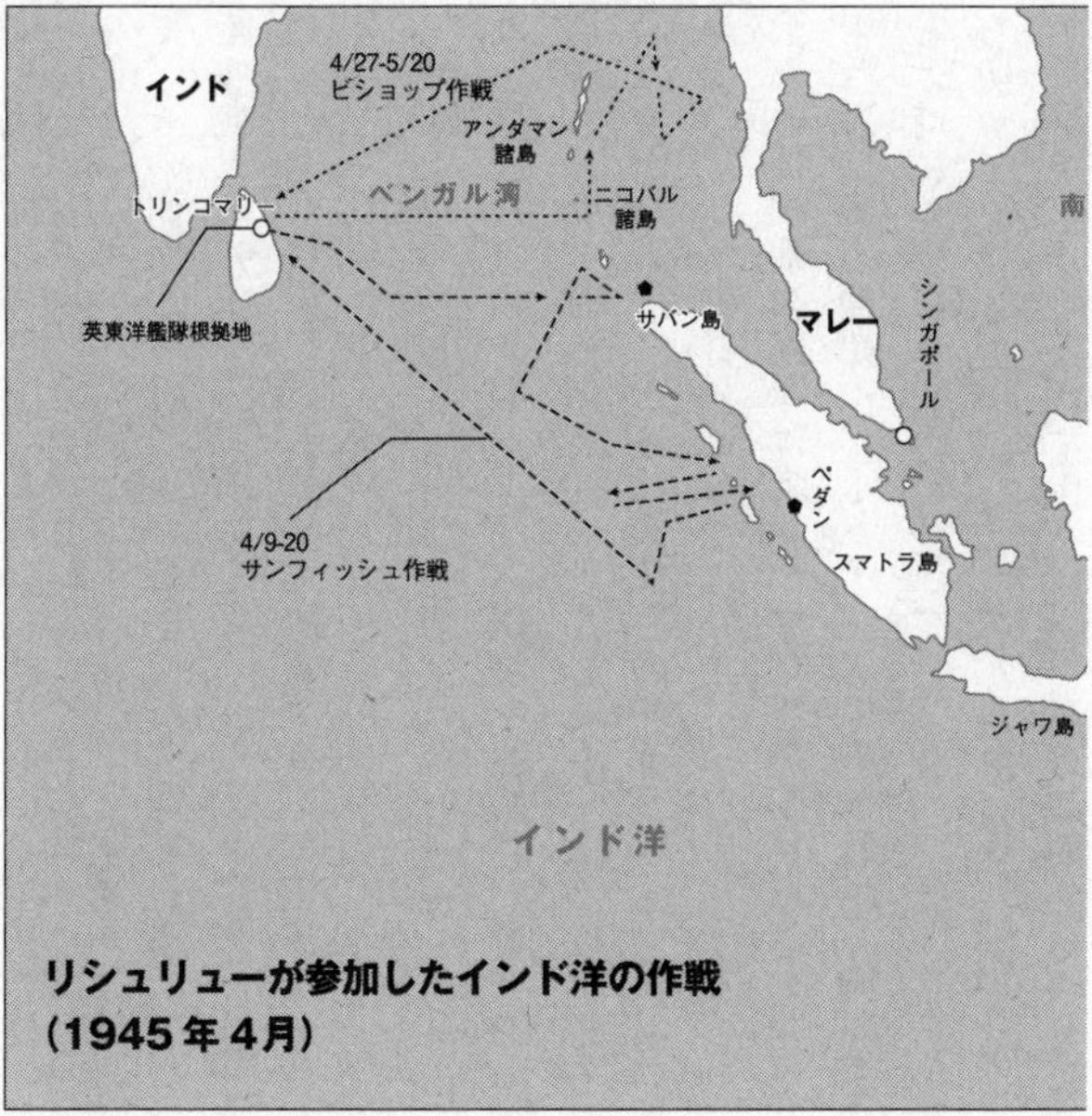

リシュリューが参加したインド洋の作戦
(1945年4月)

砲射撃した。「リシュリュー」は、七斉射して石炭貯蔵所を破壊し、一五二ミリ砲が敵沿岸砲台を短時間の内に制圧した。その後、艦砲射撃部隊は北西に進路を変えて空母部隊と合流した。夜間に駆逐艦隊への給油を終えると、今度は東進してペダンを空襲したが、その間に写真偵察機部隊がマレー南岸のポート・スウェッテンハム（現ポート・クラン）とポート・ディクソン付近の撮影に向かったのである。一連の作戦を終えた艦隊は、四月二〇日にトリンコマリーに帰投した。

次に「リシュリュー」は「ビショップ作戦」に参加した。ビルマ奪回作戦に連動して、その側面から日本軍の脅威を取り除くため、アンダマン、ニコバル両諸島への上陸作戦実施が決まったのである。今回も「リシュリュー」は「クイーン・エリザベス」とともに出撃、これに巡洋艦「カンバーランド」と駆逐艦三隻が護衛に付いていた。

艦隊は四月二七日に出撃し、二九日にニコバル沖に展開すると、「リシュリュー」は二万三六〇〇メートルから砲撃を開始し、第二斉射で飛行場に命中弾を出した。主砲弾八〇発、副砲四五発を使用したが、大半が目標を捕らえていた。ただし防護壁を設けながらも、二〇ミリ機銃手の一部が、主砲発射の爆風で重度の火傷を負ってしまったのは、反省材料となった。

その後、戦艦部隊はアンダマン諸島を目指して北上し、一七三〇時に「リシュリュー」は砲撃を開始。ポート・ブレアの飛行場を砲撃したが、気象が悪化したため一八〇七時に砲撃は停止された。「クイーン・エリザベス」の戦隊は五月一日に作戦を打ち切って帰投したが、「リシュリュー」は作戦割り当ての主砲弾を使い切った後も南アンダマン島の要衝ポート・ブレアを封鎖するように沖合に展開して、副砲による攻撃を行ない、造船施設を破壊した。この「リシュリュー」の働きによって、日本軍はポート・ブレアを使用できなくなったのである。

こうして「ビショップ作戦」を成功させた東インド諸島艦隊は、ラングーンへの上陸作戦支援のために北上した。しかし日本軍は上陸予定地の港湾を破壊して撤退した後だったので、八〇隻の上陸用舟艇を使用してのインド軍二個旅団による上陸は抵抗を受けなかった。五週間を予定していた作戦は実質二日間で終了し、「リシュリュー」は五月八日にトリンコマリーに帰投した。

空振りに終わった艦隊戦

この時期、英海軍は日本の暗号解読によりシンガポールの巡洋艦「羽黒」と駆逐艦「神風」の出撃情報を掴んでいた。日本軍は破壊されたアンダマン、ニコバル両諸島の戦略的価値は喪失したと判断し、第七方面軍はこの島の二個大隊をマレー半島に移送する任務をこの二隻に委ねたのである。

英海軍は「デュークダム作戦」の名で、この日本軍の阻止を図り、東インド諸島艦隊の二戦艦に出動が命じられた。しかし五月一五日、陸軍の哨戒機によって英船艦の動きを掴んだ日本艦隊は、アンダマン諸島行きを諦めてペナンへ退避しようとした。

1943年11月2日、米軍ラバウル空襲時の重巡洋艦「羽黒」

この時「羽黒」はアンダマン諸島への支援物資を積んでいて、すべての雷装と弾薬の半数を降ろしていたこともあり、とても戦艦には太刀打ちできなかったのである。

「リシュリュー」は二七ノットで追撃を開始したが、三〇〇キロメートル以上の距離は容易に縮まらず、日本艦隊はマラッカ海峡に逃げ込んでいた。しかし英軍が先行して派遣していた第二六駆逐戦隊（駆逐艦五隻）が日本艦隊の捕捉に成功して、五月一六日に戦闘が発生。このペナン沖海戦により「神風」を取り逃したものの、「羽黒」を撃沈に追い込んだ。

この知らせを受けた「リシュリュー」は帰投を決意、途中、日本軍機の空襲を受けたが損害はなく、五月一八日にトリンコマリーに戻ってきた。

六月三日、本国から大型駆逐艦「ル・トリオンファン」が到着した。フランス政府は戦後を見据えて、現在は日本の占領下にある旧植民地奪回の実績作りのために、小規模ながらも「リシュリュー」とのフランス東洋艦隊の核にしようとの意図があった。イギリスはフランスの立場を理解したが、そのために自軍の資源、兵站に負担がかかる状況は受け入れられない。またシンガポールの日本軍が攻勢能力を喪失しているのも確認されたため、フランス艦の積極的な働きも不要になっていた。そこで東インド諸島艦隊司令長官のアーサー・パワー提督は、航行中にレーダーを破損していた「ル・トリオンファン」にディエゴ・スアレスでの修理を命じ、「リシュリュー」については、南アフリカのダーバンでの修理を求めた。体の良い厄介払いであるが、実際、「リシュリュー」は短期間ながら酷使された影響でボイラーが損傷し、高速航行時に黒煙を吐いていたのである。

任務を終えた「リシュリュー」

七月一八日にダーバンに到着した「リシュリュー」は、ドック入りして船体の整備と再塗装を施された。故障していた二基のボイラーは、巡洋艦「シュフラン」が輸送してきた交換部材を使い、乗組員の手で修理された。

この間に対空兵装の交換も行なわれている。エリコン製の二〇ミリ機銃は神風攻撃を伴う日本軍との戦いでは非力であることが判明していたので、一三基の銃座が撤去され、代わりにかき集められた四基の四〇ミリボフォース単装砲に交換され、七ヵ所には台座だけが設置された。

「リシュリュー」は八月一〇日にダーバンを出港し、ディエゴ・スアレスで物資を受領したが、トリンコマリーに到着したのは日本降伏後の八月一八日であった。

だが、フランスの戦いはここから始まったとも言える。英仏両国は、日本の降伏を受けて、東南アジアへの支配の再確立を急いだ。九月七日、トリンコマリーを出港した「リシュリュー」は、英戦艦「ネルソン」と合流して、マラッカ海峡を目指した。マレー半島南岸のポート・スウェッテンハムに対する上陸作戦の支援が目的であった。ところが九日に「リシュリュー」は右舷、一番砲塔付近に触雷してしまう。後の調査で炸薬量二〇〇キロの航空磁気機雷であることが判明したが、幸い、装甲に若干の歪みが生じた程度の軽微な損害で済んだ。しかし積荷のワインボトル約三〇〇〇リットルが割れて、艦内の浸水警報装置を作動させたことが、水兵を嘆かせたようだ。損害が軽微であったことから「リシュリュー」は作戦支援を続けていた。高速航行時に若干の振動を生じたものの、他には異常がなかったので、本格的修理は帰国時に持ち越されたのである。

フランス海軍の空母「ベアルン」

マレー半島への上陸作戦では、当然日本軍の反撃はなく、一二日にシンガポールに入港した「リシュリュー」は、現地日本軍の降伏に立ち会っている。その後トリンコマリーに戻った「リシュリュー」は、今度は「ル・トリオンファン」とともに、輸送船二隻を護衛してサイゴンに向かった。輸送船にはインドシナ植民地を回復するための部隊が乗っていた。仏領インドシナを占領していた日本軍に統治回復を協力させるわけにはいかず、民族主義勢力として成長していたベトミンは、アメリカの暗黙の支援を受けていたため、フランスは軍事力を伴う自力で植民地を回復しなければならなかったのである。

フランスの再進出に対して、当然、ベトミンは激しく抵抗した。国土の大半にベトミンは勢力を及ぼしていたので、「リシュリュー」は、増派されてくるフランス軍の後方支援基地／病院船として機能し、求めに応じて艦砲射撃や兵員輸送も実施していた。一一月二〇日から二六日にかけてニャチャンで実施された上陸作戦では、「リシュリュー」は一五二ミリ副砲弾三九一発と多数の一〇〇ミリ砲で支援している。

やがて空母「ベアルン」と三隻の巡洋艦が到着すると、「リシュリュー」は任を解かれて年末にフランスに向けて出港し、一九四六年二月一一日にトゥーロンに到着。仏領アフリカへの連絡輸送を兼ねた航海の後に、三月一六日、シェルブールに入港して本格的な修理を受けたのであった。

リシュリュー級戦艦の戦後

戦後の「リシュリュー」の配備と改造

戦後のフランス海軍のインフラは使い物にならない状態であった。トゥーロンはじめ主要軍港は沈船で溢れ、ドックは瓦礫で埋め尽くされていた。対独降伏時にはまだ無傷だった施設は、いずれも連合軍の空襲で破壊されていたのだ。経済も破綻状態であったため、乏しい国家財政は軍備より生活インフラの再建に優先されなければならなかった。またフランスの国力低下を見て、植民地では自治獲得──独立への動きが活発になっていた。これを軍事的に鎮圧しようとする試みが、戦後フランス社会の大きな重荷となっていく。

また経験豊富な艦隊勤務の海軍兵の多くが、家庭生活の再建を優先して海軍を去っていた。その結果、海軍は人材不足に悩み、現有戦力の維持も困難であった。戦後のフランス海軍における戦艦の運命を追うには、彼の国のこのような状況を踏まえる必要がある。

一九四六年三月にシェルブールのドックに入った「リシュリュー」は、ようやく海軍の機関専門部署の手でオーバーホールを受けられた。そして八月上旬にポーツマスを訪問したのに続き、訓練を兼ねてカサブランカ、アルゼブ、メル・セル・ケビル、ダカールなど主なアフリカ植民地を巡航している。ダカール訪問時には、これまでの塗装に代わり、上甲板の高さまでミッドグレーとする戦後のカラースキームに変更された。

一九四七年を迎えたフランス海軍は、ドイツからの戦利艦を得ていたものの、一個戦隊相当を編成する艦艇しか保有していなかった。そこでまず「リシュリュー」は旗艦となり、艦隊行動の訓練を兼ねた夏期アフリカ演習航海が実施された。臨時編成艦隊の運用を通じて「リシュリュー」の欠点もいくつか明らかになる。問題の根幹は、戦前に設計された指揮統制用スペースが手狭すぎて時代に合っていないこと。特に通信設備が圧倒的に不足しているのが深刻であったため、艦隊を率いたロベール・ジョジャール提督は送受信センターと戦闘情報センターの新設を訴えた。しかし予算不足から、「リシュリュー」の維持費の捻出が精一杯であった。

以降の「リシュリュー」は、従来なら旧型艦が担っていた練習艦の役割を担わされてしまい、戦力化のために時間をかける余裕がなかった。それは兼ねてから問題になっていた。恒例のアフリカ巡航演習も対空射撃訓練用の曳航標的どころか、日除けのキャンバスまで欠く有様であった。この時期、目立つ戦力強化としては、遅発装置の更新によって主砲斉射時の散布界を改善したくらいしかない。

一九四八年秋にシェルブールに入港した「リシュリュー」は、翌年四月から予備役に入った。これは国防予算が逼迫する中で、「ジャン・バール」の再建予算を捻出するための措置であった。では、フランス海軍は、このリシュリュー級二番艦にいかなる役割を担わせようとしていたのだろうか。

「ジャン・バール」再建を巡る議論

一九四五年二月、フランス海軍は「ジャン・バール」を完成させるとの決断をしていた。しかし世界大戦での教訓から、戦艦は無用の長物であり、空母として再建造すべきとの声が大きくなっていた。七月の海軍上級委員会の会合では、一部提督が公然と「ジャン・バール」の空母化を主張して紛糾したのを受け、海軍大臣は「戦艦完成案」「空母改造案」「ジャン・バールの廃艦」という三つの選択肢をまとめ、次回会合で決を採ることとした。そして九月の会議では、廃艦案は退けられる一方で、戦後に設けられた統合技術局から「ジャン・バール」の空母化に対する具体的な提案があった。

これは九〇ミリの装甲飛行甲板を備え、搭載機数は四〇機（補機一四機）、防御火器として一三〇ミリ連装砲八基一六門という構成であった。「ジャン・バール」の改造案ということであれば相応の能力と言えるが、委員会メンバーの大多数は不満をあからさまにしていた。搭載機数が米英の一線級空母に比べて半分程度であることや、技術局が説明した五年という工期の長さ、そして予算が問題視されたのだ。

結局、空母改造案は対費用効果の悪さで退けられ、戦艦として再建されることになったが、これも想像より困難であった。一部砲塔が未完のまま戦争中は放置され、「リシュリュー」に健全な主砲砲身はじめ、軍需品の多くを供出した結果、「ジャン・バール」はドンガラ状態であったからだ。まず三八〇ミリ主砲砲身の製造が三年、二番砲塔の製造に四年、関連軍需品の調達と蓄積に五年の時間が必要と見積もられた。

この見積もりを見た海軍上級委員会は、最終的に「ジャン・バール」をリシュリュー級二番艦として完成させるが、その能力は防空戦闘に特化するものと決定した。

この決定は海軍航空関係者を深く失望させた。しかし空母改造案にしても艦載機の選定や調達などの難題が多く、また戦後に始まった艦載機のジェット化に対応するには格納庫やエレベーターの問題があり、将来性が乏しい空母にしかならないのは間違いない。現実的には「ジャン・バール」の再建はフランス海軍にとって、自国設計、自国製造する新世代兵器や電子装置の実験台として貴重な存在として期待されるようになったのである。

二戦艦の近代化改装

一九五〇年一月、ブレストにて「リシュリュー」の大改装が始まった。戦時中にアメリカで実施されて以来の大規模工事である。

まず推進機と関連装置が全面的にオーバーホールされ、ボイラーも配管からすべて交換、再配置された。改装後の公試では三〇ノットを快適に出し、一九五二年二月一五日には三一・五ノットを二時間維持しただけでなく、黒煙の発生も目に見えて減少した。

ブレストのペンフェルド川沿いに残る「リシュリュー」の380㎜砲のうちの１門（出典：Wikimedia Commons）

主砲も、先の検査で一番砲塔の摩耗が深刻であることが判明したので交換対象となった。左舷側二門のうち一門は新造、もう一門は内筒のライフリングを切り直して延命した。右側の二門は、ノルウェーに発注したものと、シェルブールで沿岸砲となっていた砲と交換された。さらに再装填装置も一新された結果、従来の四五秒の砲撃間隔は、最短三二秒まで短縮されたほか、主砲塔に設置されていた一四メートル測距儀も、四重式ＯＰＬ立体測距儀に交換された。

当初はレーダー、電子戦装置も大幅な刷新が期待されたが、結局実現せず、整備や配置場所の見直しでお茶を濁し、不要になったＦＶＩジャマーは撤去された。対空防御兵器も同様で、ボフォース製四〇ミリ対空機関砲が積み増しされたくらいで、大きな変更はなかった。以上の「リシュリュー」の近代化改装は、一九五一年一〇月二四日に修了した。

一方、将来の機動部隊の旗艦、防空艦、そして艦砲射撃などが期待された「ジャン・バール」の工事は、一九四六年三月一一日にブレストで始まった。カサブランカ沖海戦以来の船体の損傷修復や、機関の交換、新装備を追加するための上構の改造など、工事内容は多岐にわたる。

当時、造船需要が逼迫していたために、作業岸壁とドックの間を頻繁に行き来しながらの作業となったが、一九四九年になる頃には、船としての機能を回復し、砲熕兵器の大半も設置を終えていた。一九五〇年夏にかけて「ジャン・バール」は演習にも参加し、特に艦隊旗艦としての機能に関する経験を蓄積した。そして一九五一年一一月からは火器管制装置の設置を含む、戦力化を主眼とした最終的な作業が始まったのである。

しかし、完全な戦艦としての姿を想像すると、拍子抜けするかもしれない。というのも、一番、二番砲塔はモスボール状態に置かれ、稼働できなくされていたからだ。実戦の可能性がかなり低い現状、メンテナンス費用を抑え、有事には二週間で再稼働できる状態にしておくに留まったのである。ただし「ジャン・バール」再建の主目的であった自国製電子装置の性能向上のため装備したDRBC10Aレーダーは、距離二万五〇〇〇メートルでの地上照準を実現して、関係者を満足させた。「リシュリュー」と同じく主砲用の測距儀は最新型になっているが、対地射撃における有用性が重視されていたことが窺える。

副砲についてはウォード・レオナール製の遠隔動力管制装置が搭載された。これは将来的に対空砲としての機能を見越したものであり、補正変換装置を介せば対地攻撃にも使用可能であった。これは一二門設けられた一〇〇ミリ高角砲も同様で、照準角と仰角はウォード・レオナードRPCシステムで自動的に伝達されるようになっていた。もっとも「ジャン・バール」の武器システムが完全な戦闘力を獲得するには一九五四年一〇月を待たねばならなかった。

フランス戦艦の黄昏

世界大戦において、前半はヴィシー政権、後半は臨時政府のもとで、「リシュリュー」はフランス海軍のプレゼンスを守り続けていた。しかし一九五〇年代に入る頃には、フランス海軍は戦艦二隻体制を諦めていた。艦隊での運用は「ジャン・バール」

ジブラルタル海峡を越え、地中海へと向かう戦艦「ジャン・バール」（1955年時）〔鉛筆画：菅野泰紀〕

スエズ運河を航行中の「ジャン・バール」(1956年時)(出典：Wikimedia Commons)

に任せ、一九五六年五月から「リシュリュー」は予備に入り、ブレストで設備艦となっていた。小口径砲は撤去、残りの砲はすべてモスボール処理された。

「リシュリュー」は予備役将校の練習船や仮兵舎などに使用されたが、一九六七年に登録抹消され、翌年、イタリアの解体業者に売却された。そしてラ・スペツィアに曳航されて、スクラップ処分されたのである。

一方、一九五五年五月に二度目の近代化改装を終えて、艦隊に復帰した「ジャン・バール」は、新造の駆逐艦「シュルクーフ」のお披露目を兼ねて、ルネ・コティ大統領を乗せてデンマークに外交訪問し、七月にはアメリカ独立戦争一七五周年式典にフランス軍艦艇として参加した。夏はブルターニュの周辺海域で演習に励ん

ツーロン港にて停泊中の「ジャン・バール」（1963年時）（出典：Wikimedia Commons）

だ後、地中海艦隊に合流することとなり、一〇月にトゥーロンに移動した。

しかし間もなく、「ジャン・バール」に作戦準備が命じられる。一九五六年七月のスエズ危機に直面して砲熕兵器の再活性化が命じられ、七月八日には五〇〇名以上の増員を受けて、一二八〇名の乗員が臨戦態勢に入る。そして九月には北アフリカ沿岸で砲撃訓練を実施している。

一〇月二四日、「ジャン・バール」はアルジェに向けてトゥーロンを出港し、コマンドー部隊とフランス外人部隊第一落下傘連隊の兵員を乗せて東地中海に向かった。巡洋艦一隻、シュルクーフ級駆逐艦四隻を伴い、イギリスと共同でスエズ運河の奪回を図る「マスケティア作戦」に参加するためである。

一一月四日、戦闘部隊を上陸用舟艇に移した「ジャン・バール」は、上陸支援のためにポートサイド沖に展開した。作戦は六日に中止されたが、その間に主砲四発を発射している。

このスエズ危機が「ジャン・バール」にとって事実上最後の任務となった。一九五七年一一月には最後の訓練航海が行なわれ、締めくくりにすべての艦砲の射撃が行なわれると、八月一一日に予備役に編入されたのである。

この時期、「ジャン・バール」を巡っては二つの意見があった。ひとつは新生フランス海軍には建造すべき艦が多数あり、予算、人員とも戦艦の維持に投下できる余裕はないとするもの。もうひとつは、これまでの投資を無駄にしないよう、一層の近代化によって戦闘力を維持すべきというものだ。

後者については、一九五七年末から後甲板への艦対空ミサイル設置案を含めた近代化改修案が持ち上がった。しかし検討を重ねるほどに現実味はなく、改装案は打ち切りとなる。そして一九六一年一月一日には予備役B状態に格下げされた。

一度は太平洋における核兵器運用指揮艦として復活も検討されるが、これもコストの点で見送られ、一九七〇年二月一〇日に除籍、トゥーロンに隣接するブレガイヨンにて解体されたのである。

挿絵画家のあとがき

鉛筆艦船画家　菅野泰紀

「フランス戦艦、お好きですか――」

東京出張を終えて帰阪した直後、新大阪駅のコンコースで受けた電話で、電話口の雑誌『丸』編集者の岩本氏（現在は『丸』編集長）がいきなり放ったパワーワードである。

フランス戦艦――

興味はあった。デザイン的にはむしろ好きだ。

そもそも他国の艦艇とは明らかに異なるその独特なデザインに魅了されたのは、私が中学三年生ぐらいの頃だっただろう。大阪の紀伊国屋書店で『フランス戦艦史』（海人社）を立ち読みしたとき、扉を開けてしまった。

前ド級戦艦のグラマラスに膨らんだタンブルホームと甲板上にひしめく構造物が織りなす蠱惑的なスタイル。時代と共に大きく変貌するド級戦艦。そしてその後に現れる四連装砲二基を前部に集中配置した超ド級戦艦たち。日本ではお世辞でもメジャーとは言い難い艦たちではあるものの、多感な一〇代にあった私には彼女たちは刺激的過ぎた。思わず購入したその本は、今でも現役の資料としてここにある。

件の電話を受けたとき、私は鉛筆艦船画家として、すでに一〇年以上艦船画を描き続けていたが、この時まで外国艦艇を描いていなかった。というのも私の作家活動としての本筋が、艦内神社の分霊元神社への絵画奉納による、戦没艦艇乗組員の慰霊と、艦艇並びに艦内神社の顕彰活動だからである。活動が活動だけに、外国艦を描きたいと思ったことはあるものの、奉納用の絵画制作に専念するあまり、手掛ける機会を全く作ってこなかった。

岩本氏とのご縁で、これまでにも『丸』に掲載される記事の挿絵を提供していたものの、実は航空機の絵ばかりで艦艇の絵を描き下ろしたことは皆無。私としては気長に待っていれば、メジャーどころの日本艦艇のリクエストでも来るだろうとぼんやり想定（期待）していた。そんな中、出てきたのが件のフランス戦艦で、私は寝耳に大いに水を流し込まれた。

「宮永忠将氏の新連載『フランス戦艦物語』に、話題に関連する艦艇の絵を毎月描き下ろししていただきたいのです。まずは第一回用に戦艦「ダントン」なんていかがでしょう」という岩本氏のセリフを聞いている時には、想定の斜め上を行くマニアックなリクエストに、脳内麻薬がガッツリ効いて妙な心地よさすら感じる始末。「あ、煙突が五本ある戦艦ですよね。好きです。描きます。」と答えてしまった結果、私が人生で初めて描いた外国艦はよりによって「ダントン」となり、四年にわたるフランス戦艦沼にズップリとハマることになってしまったわけである。

恥ずかしながら、当時の私はフランス戦艦の艦影に魅力を感じていたものの、フランス海軍の歴史に目を向けてはいなかった。挿絵を描き下ろしで提供するのであれば、適当な気持ちでは関われないと思い直し、海外から重く分厚い資料を取り寄せ、学び直すことにした。

欧州の地図を眺めると一目瞭然で、フランスの海が分断されていることが分かる。北側は巨大な海軍国イギリスと対峙する英仏海峡、西側は比較的開けたビスケー湾に面しているとは言え、いずれにしても地中海へ抜けるにはイギリスが睨みを利かせるジブラルタル海峡を抜けなければならない。地中海には油断ならないイタリア海軍が跋扈している。言うまでもなく陸上では東にドイツとイタリア、南西はスペインに接しており、海と陸の守りを充足させるならば、たちまち国家が破綻の危機に瀕してしまう。こんな状況下で軍事費の多くを陸軍に持っていかれながら、フランス海軍は必死になって戦力の維持を図ってきた様を理解できた。

また、執筆者の宮永氏からもご指導いただき、地政学的に不利な状況下で生き残るために苦悩したフランスの悲哀と、第一次世界大戦と第二次世界大戦でもたらされたフランス海軍の悲劇的状況を理解することができたのは貴重な収穫だった。

私は、現役で活躍する戦艦を目の当たりにしたことはない。ましてや、乗ったこともない。作品を描くにあたっては、知識を基に想像するしかない。観艦式で海上自衛隊艦艇に搭乗し体験したときの感動を素地として、残された写真や文献資料を紐解き、自分の頭の中で情景を組み上げ、それを一枚のケント紙上に表現する。日本艦艇の場合は、かつて艦に乗り組まれた方の証言を聞く機会にも恵まれ、大いに気持ちを込めて作品に仕上げることができた。しかし、なじみのない外国艦の場合は、前人未到の領域に踏み込んで手探りで作業するような感覚が常にあった。それゆえ、宮永氏の連載への挿絵提供という形で絵を描けたことは、大変だった反面、大きな学びを得られた。当初は、フランス戦艦だけかと思っていた挿絵の主題も、宮永氏のご厚意もあり、イギリス艦・ドイツ艦・イタリア艦・アメリカ艦と多岐にわたった。制作にあたっては限られた時間の中で歴史的背景を掘り起こし、絵に矛盾が起きないように可能な限り考証を重ね、作品によってはストーリーやメッセージを込めたものもある。大変な思いをした分、提供した作品はいずれも並々ならぬ愛着がある作品ばかりとなった。読者の皆様にはぜひ、宮永氏の力作への理解を深める一助に、私の絵を活用してほしいと願う。

唯一つの心残りは、本著がダントン級以後のフランス戦艦をテーマとする関係上、私が最も心を奪われた前ド級戦艦たちの妖艶な姿を描く機会がなかったことである。本著を通じてフランス戦艦の魅力に気づいた多くの読者が現われてくれれば、その機会ももたらされるのではと淡い期待を持ちつつ、この度の『フランス戦艦入門』の文庫出版を心から喜んでいる今日この頃である。

あとがき

本書執筆の動機やいきさつ、テーマとしてフランス戦艦を選んだ理由などは序文に書かせていただいたとおりなので、ここでは本書執筆にあたり参考にした代表的な文献と、今後の展望について簡単に書かせていただきたい。

◇『フランス軍入門』田村尚也著、イカロス出版、二〇〇六年
第二次世界大戦を中心とするフランス軍を、武器、装備から組織構造、そして第二次大戦史まで網羅している。入門と銘打つように内容は基本事項中心であるが、本邦ではフランス軍について総合的にまとめられた軍事関係書籍が皆無の状況、用語の確定や議論のスタート地点として非常に貴重な本である。フランス海軍のアウトラインや組織、基本的な用語は本書に準拠している。

◇*French Battleships, 1922-1956*. John Jordan, Robert Dumas, Naval Inst Pr, 2009
現在、一般に入手できるフランス戦艦に関してもっとも詳細な専門書である。特に掲載されている写真は個人所蔵中心で、まずネットでは目にすることができないものばかりだ。フランス戦艦に関する創作物を考慮するならば、本書を抜きにしては考えられない内容量があり、各種データについても本書の底本となっている。

◇*French Battleships of World War One*, John Jordan, Philippe Caresse, Seaforth Publishing, 2017
ダントン級、ブルターニュ級など、第一次世界大戦に関わるド級前後の戦艦についてのバイブルのような本。前ド級艦を含む第一次大戦の戦艦は、本書でももっと触れたい艦艇群であったが、知名度や戦歴を考慮して、どうしてもダンケルク級以降に重点を置かざるを得なかった。

◇*The French Navy in World War II*. Paul Auphan, Jacques Mordal, Naval Inst Pr, 2016.

初版は一九五九年と古い本であり、長らく絶版が続いていたが、二〇一六年にペーパーバックとして復刊した。二度の世界大戦に従軍したフランス海軍軍人と、フランス海軍史家の共著である。本書登場まで、第二次大戦におけるフランス軍の動向を網羅的に解説した本はない。現代でも底本としての価値は変わらず、日本においてはまず本書の咀嚼が進まなければ、第二次世界大戦におけるフランス軍について深化は望み得ない。

◇『フランス第三共和制の興亡（1）～（2）』ウィリアム・シャイラー著、井上勇訳、東京創元社、一九七一年

原著は一九六九年で、〈一九四〇年＝フランス没落の研究〉との副題のように、フランスがドイツに敗北する際の政治的、社会的プロセスが緻密に描かれている。第三共和制が発足した一八七一年から第二次大戦までのフランス近代政治史のバイブルである。海軍の動向を主題とした本ではないが、ド・ゴールやペタン、ダルランといった重要人物の背景を知るには不可欠である。

他にも戦史書や戦記本はもちろん、本邦での刊行物、特に『世界の艦船』（海人

社）や、『歴史群像』シリーズ（学習研究社）の関連記事、海外の軍艦雑誌や写真集なども多数参考にしているが、ここでは割愛する。

＊＊＊

『フランス戦艦入門』の名の通り、主題は戦艦であり、内容は入門という線に沿うよう配慮して執筆した。研究書を目指したものではないので、これを読めばフランス海軍のすべてが分かるなどと大見得を切るつもりはない。それでもドイツに敗北した時点で世界大戦から退場し、ノルマンディー上陸作戦の直後に解放されて、いつの間にか連合国、戦勝国の座に収まっているフランス＝謎の大国という理解を変える力があるとの自負はある。

ただ、本書はフランス戦艦の本であって、フランス海軍の本ではない。戦艦を通じての彼らの考え方は解説できたが、海軍全体の戦略やフランスにおける海軍の立場、組織、制度、役割などには充分に踏み込めなかった。これをこなすには時間や言語の問題、そしてなにより筆者の能力のキャパシティーが大きな壁となってしまう訳だが、願わくば本書の内容に並行するフランス海軍——そこから拡大してフランス軍の歴史を網羅した書籍を手がけたいと願う者である。

最後に関係者への謝辞を。

まずは卓越した調査能力と観察眼、そしてなにより技術と情熱をもって素晴らしい艦艇イラストを手がけていただいた菅野泰紀様に深く感謝いたします。菅野氏にイラストを引き受けていただけなければ、おそらく本書連載は企画を通過しなかったでしょう。より大判の画集にすべきイラストの数々を、本書以外、何かの形で読者の皆さんにお伝えし、手に取っていただける機会が作れればと願ってやみません。

書籍化に際してひとかたならぬ尽力と調整の労をとっていただいた、株式会社潮書房光人新社書籍編集部の坂梨誠司様にも、大変お世話になりました。このあとがきの完成を深夜まで待っていただいている現状も含め、感謝の念が尽きません。

また、雑誌記事の打ち合わせ中に出た筆者のフランス戦艦のネタ話を拾い上げ、そこから連載開始まで着想を広げて、実現に導いていただいた雑誌「丸」編集長の岩本孝太郎様、ワーカホリックに過ぎる日々を案じておりますが、遅筆にして掲載号の度にご迷惑、ご心配をおかけいたしました。

最後に、四年にわたる本連載をご支持いただき、書籍化にゴーサインをいただける力となった雑誌「丸」読者の皆様に、心より感謝申し上げます。

二〇二三年一〇月三日

宮永忠将

NF文庫

フランス戦艦入門

二〇二三年十一月二十日　第一刷発行
著　者　宮永忠将
発行者　赤堀正卓
発行所　株式会社　潮書房光人新社
〒100-8077　東京都千代田区大手町一-七-二
電話／〇三-六二八一-九八九一(代)
印刷・製本　中央精版印刷株式会社
定価はカバーに表示してあります
乱丁・落丁のものはお取りかえ
致します。本文は中性紙を使用

ISBN978-4-7698-3333-8　C0195
http://www.kojinsha.co.jp

NF文庫

刊行のことば

第二次世界大戦の戦火が熄《や》んで五〇年——その間、小社は夥しい数の戦争の記録を渉猟し、発掘し、常に公正なる立場を貫いて書誌とし、大方の絶讃を博して今日に及ぶが、その源は、散華された世代への熱き思い入れであり、同時に、その記録を誌して平和の礎とし、後世に伝えんとするにある。

小社の出版物は、戦記、伝記、文学、エッセイ、写真集、その他、すでに一、〇〇〇点を越え、加えて戦後五〇年になんなんとするを契機として、「光人社NF（ノンフィクション）文庫」を創刊して、読者諸賢の熱烈要望におこたえする次第である。人生のバイブルとして、心弱きときの活性の糧《かて》として、散華の世代からの感動の肉声に、あなたもぜひ、耳を傾けて下さい。

＊潮書房光人新社が贈る勇気と感動を伝える人生のバイブル＊

ＮＦ文庫

写真　太平洋戦争　全10巻　〈全巻完結〉

「丸」編集部編

日米の戦闘を綴る激動の写真昭和史——雑誌「丸」が四十数年にわたって収集した極秘フィルムで構築した太平洋戦争の全記録。

フランス戦艦入門　先進設計と異色の戦歴のすべて

宮永忠将

各国の戦艦建造史において非常に重要なポジションをしめたフランス海軍の戦艦の歴史を再評価。開発から戦闘記録までを綴る。

海の武士道　敵兵を救った駆逐艦「雷」艦長

惠隆之介

漂流する英軍将兵四二二名を助けた戦場の奇蹟。工藤艦長陣頭指揮のもと海の武士道を発揮して敵兵救助を行なった感動の物語。

新装解説版　幻の新鋭機　震電、富嶽、紫雲……

小川利彦

戦争の終結によって陽の目をみることなく潰えた日本陸海軍試作機五十機をメカニカルな視点でとらえた話題作。解説／野原茂。

新装版　水雷兵器入門　機雷・魚雷・爆雷の発達史

大内建二

水雷兵器とは火薬の水中爆発で艦船攻撃を行なう兵器——水面下に潜む恐るべき威力を秘めた装備の誕生から発達の歴史を描く。

日本陸軍の基礎知識　昭和の戦場編

藤田昌雄

戦場での兵士たちの真実の姿。将兵たちは戦場で何を食べ、給水し、どこで寝て、排泄し、どのような兵器を装備していたのか。